蜻蜓·公园

杭州市钱江新城投资集团有限公司　编著

中国建筑工业出版社

审图号：浙杭S（2023）006号

图书在版编目（ＣＩＰ）数据

蜻蜓·公园 / 杭州市钱江新城投资集团有限公司
编著. -- 北京 : 中国建筑工业出版社，2022.12
ISBN 978-7-112-28229-6

Ⅰ. ①蜻… Ⅱ. ①杭… Ⅲ. ①公园－建设 Ⅳ.①
TU986.5

中国版本图书馆CIP数据核字(2022)第240296号

责任编辑：毋婷娴
责任校对：王　烨
书籍设计：杭州市勘测设计研究院有限公司

蜻蜓·公园

杭州市钱江新城投资集团有限公司　编著

*

中国建筑工业出版社 出版、发行（北京海淀三里河路9号）

各地新华书店、建筑书店经销

杭州现代彩色印刷有限公司印刷

*

开本：880毫米×1230毫米　1/16　印张：9½　字数：194千字

2023年4月第一版　　2023年4月第一次印刷

定价：135.00元

ISBN 978-7-112-28229-6

（39997）

序

　　蜻蜓起飞了，带着全体钱投人对"新城让生活更美好"的梦想。

　　西方国家的大街小巷，常能看到一片片码满了汽车的平地广场，乌泱乌泱，述说着汽车原生家庭的做派与繁华。而我们的城市，汽车一族一夜之间冒了出来，忙乱之中人们不知道怎样安放这些载人的精灵。中国城市的停车场，注定不一样。

　　蜻蜓·公园坐落在钱江新城核心区东北角的外侧，原先是一处街头公园，现在演变成了具备停车功能的特色科技公园。如果以通信行业来比拟的话，传统的停车场是固定电话，那么蜻蜓·公园就是第一代"大哥大"。

　　正在进行的中国城市化运动中，几乎所有城市无差别地选择了高强度高密度的城市开发之路。也许城市本身并没有不约而同地选择，而是国情与制度导致了这样必然的结果。

　　在城市化主导着的工业化浪潮中，没有预兆地带来了另一位重要成员——机动化。于是，所有的城市都出现了行路难、停车难问题，节假日时还蔓延到了平时人流不大的乡村和景区。

　　近些年，汽车增量迅速。地表没有足够空间，动辄以吨计重的汽车只能在空中与地下选择栖身所在。地下空间以城市土地资源的禀赋来看是存放汽车的不二选择。

　　但是地下空间要开发利用面临重重困难，造价高、安全性差、方位辨识度低，直到城市足够繁荣、技术足够先进，我们遇到了几乎无所不能的人工智能机器人。

　　蜻蜓·公园创造了机器人替代人类司机搬动、停放汽车的完整系统。形态像蜻蜓的夹抱式运送机器人与智慧升降机之间密切配合，实现了汽车存取的人工替代功能。而且在大数据中控计算系统的支持下，可以实现汽车与泊位之间相互匹配的效率最优化。

　　蜻蜓·公园创造了驾车者可以集聚的交互空间。由于汽车的机动性和公共泊位的随机性，驾车行驶在城市里的人们极少能碰面。机器人承揽泊车功能后，在驻车与取车之际，人们进到同一个地方，我们称之为"停车客厅"，这样，城市生活就多了一处人们可以在一起交流的公共场所。

蜻蜓·公园还创造了一种有趣的建筑小品形式，即"表里如一"的设计构思。10个双曲面的圆柱塔擎起一个空中平台，塔体之间的拓扑空间既是单塔的室外，也是塔群的室内，令人流连忘返。而我们的停车产业，还可以因此实践功能高度复合的停车综合体的经营模式。

转角发现咖啡屋，经典温馨的城市画面再现。在杭州，庆春路与秋涛路的转角处，我们发现的是让人回味无穷的量子咖啡，由机器人精心调制。

这是一个数字化席卷一切的时代，科技更新没日没夜地改变着人类社会的方方面面，大土木工程已是一个相对落后的领域，我们有责任进行积极的响应和探索。

杭州钱江新城经过20多年的开发建设日臻成熟，新时代呼唤着新技术加持下2.0版本的出现。我们选择了停车产业，选择了AI研发合作伙伴，选择了邵逸夫医院对面的那个街角，选择了"蓝蜻蜓"作为停车机器人的注册商标，选择了深度地下空间开发形成的停车公园（Parking Park）。

古老的庆春门外，曾经是明代大将常遇春的攻城营帐。如今，我们把智慧停车Q·Parking的旗舰店开设在了那里。设计创造未来，技术重塑产业。命名"蜻蜓·公园"有庆春停车楼简称谐音的缘由，更重要的是致敬另一个独特公园的存在——让巴塞罗那这座历史文化名城锦上添花的"奎尔公园"。

未来的汽车能够爬山，能够涉水，也能飞翔，还将进化成为人类的甲壳、鳞鳍与翅膀。但无论如何它们都要待在我们的身边，随时待命，载着我们去闯荡星辰大海。到那个时候，汽车也许就演变成了我们熟悉的变形金刚，人车合一，招之即来，挥之即去。

"蜻蜓"让新城更精彩，新城让生活更美好。在蜻蜓·公园的停车客厅，备着量子咖啡，等待着您的光临体验。

杭州市钱江新城投资集团有限公司
党委书记、董事长

2022年10月29日

目录

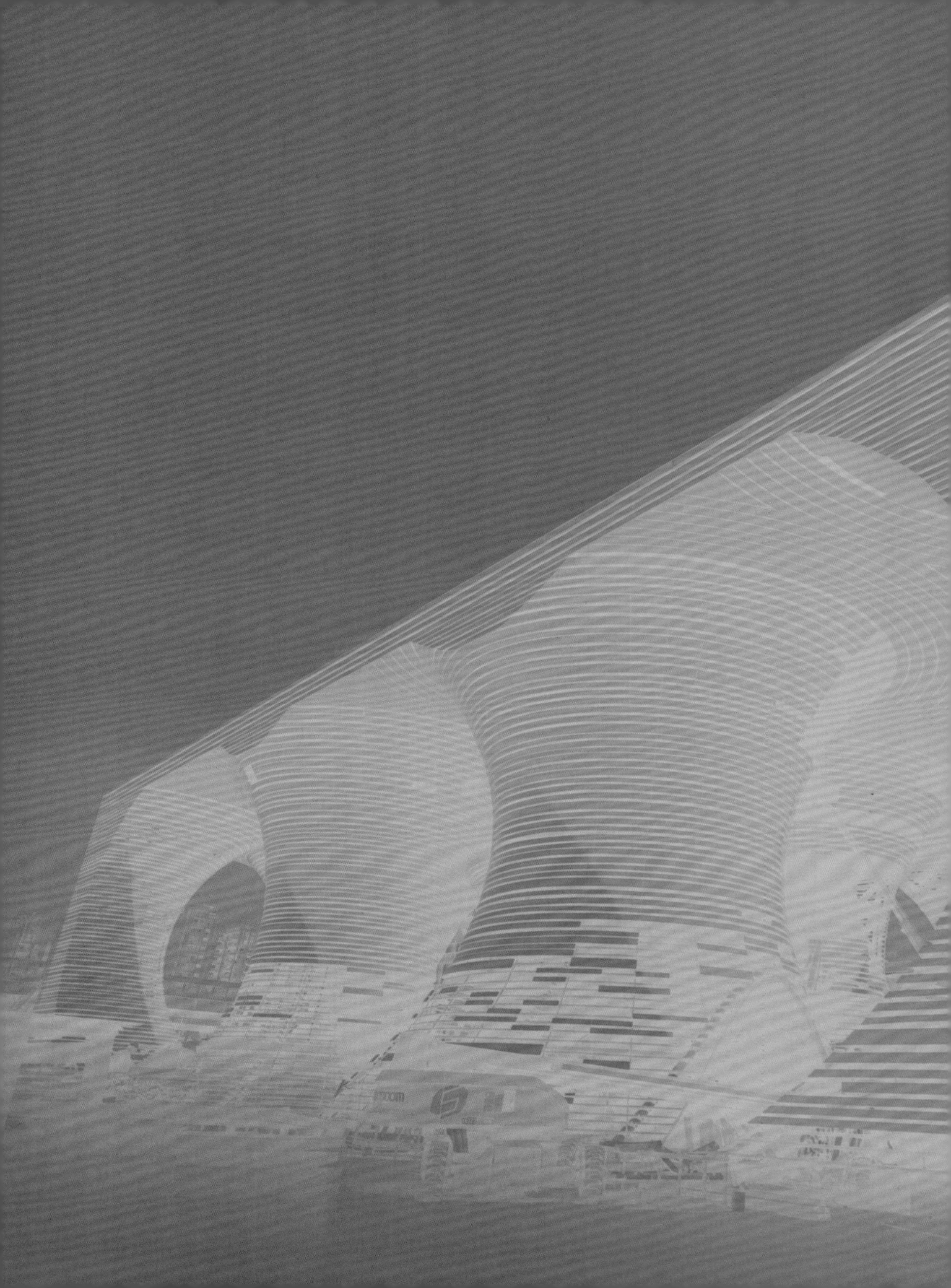

第一章
蜻蜓·公园:
集成创新的新地标

一个伟大的时代开始了,
这个时代存在着一种新的精神
——勒·柯布西耶

蜻蜓·公园的探索与成果

罗伯特·文丘里说:"一座出色的建筑应有多层含义和组合焦点,它的空间及其建筑要素会一箭双雕地既实用又有趣。"蜻蜓·公园便是这样一座实用而又有趣的建筑,以梦幻之姿,携未来之势,生长于杭州市庆春东路与秋石高架路交叉口的东北角。

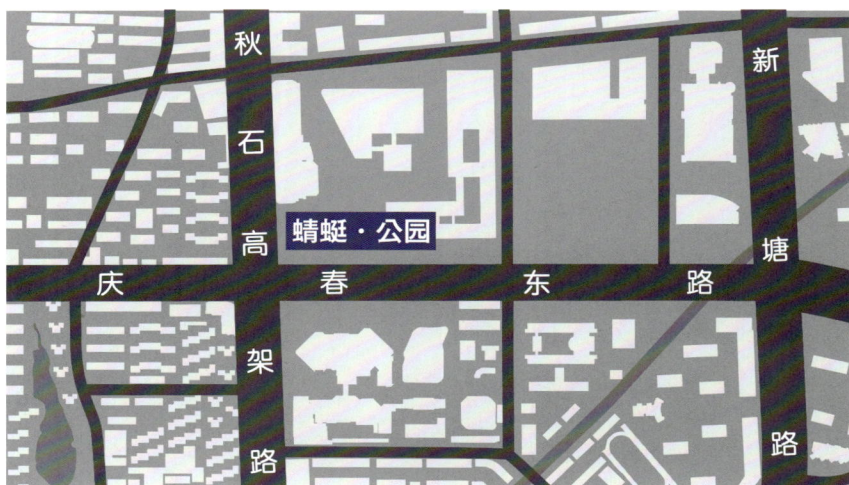

蜻蜓·公园区位示意图

实景图1-1

未来停车场：蜻蜓·公园

它由矩形与圆形组合演变而成，通过分割、组合、加减、形变等方法，演变出蜻蜓·公园的建筑形态。

它的线条自然流畅，外部的直线勾勒出棱角分明的建筑外形，内部的曲线塑造了塔楼轻盈的腰身和自由、流动的公共空间，提升了内部的张力，形成刚柔相济、内外协调的气质，也与杭州的城市气质相吻合。

它的色彩从微绿过渡到玉白，结合光影关系与冷暖变化，形成色彩明亮、浑然一体的色彩氛围，既有传统韵味，也符合现代品味。

它的质感轻盈通透，装饰简约大气，放射兼串联式的空间组合，让人能够获得曲径通幽的意趣。

它的内涵极为丰富，集生态、科技、艺术于一身，AGV（自动导引运输车）机器人、升降机、塔库停车设备完美组合，公共空间与垂直花园立体融合，在城市中心形成一座面向未来的微型立体花园。

蜻蜓·公园夜景

蜻蜓·公园的贡献

地下空间与地面空间的复合利用

随着城市的高速发展，土地资源日益紧缺。城市地下空间资源作为城市土地资源的延伸，是城市发展重要的自然要素，也是解决因城市发展土地资源紧缺而引发的"城市病"的理想途径。

杭州是国内最早开展地下空间系统利用的城市之一。20世纪中叶，以防空战备为目的人防工程开启了杭州城市地下空间1.0时代。21世纪后，城区地下空间开发利用突飞猛进，地铁、隧道、地下停车库、综合管廊、地下综合体等，如雨后春笋，尤以钱江新城和城东新城的"地下之城"最引人瞩目。

地下空间的充分利用是杭州城市发展的趋势。蜻蜓·公园正是在这一大势下，将地上建筑空间与地下停车空间进行组合实践，占地仅6122.18m²，但总建筑面积达到了24955m²，可以停放500辆汽车，实现城市地下空间与地上空间的复合利用，在满足基本停车功能的同时，实现了公共空间与生态空间的融合创新，在城市特定区域功能性复合利用方面树立了新的标杆。

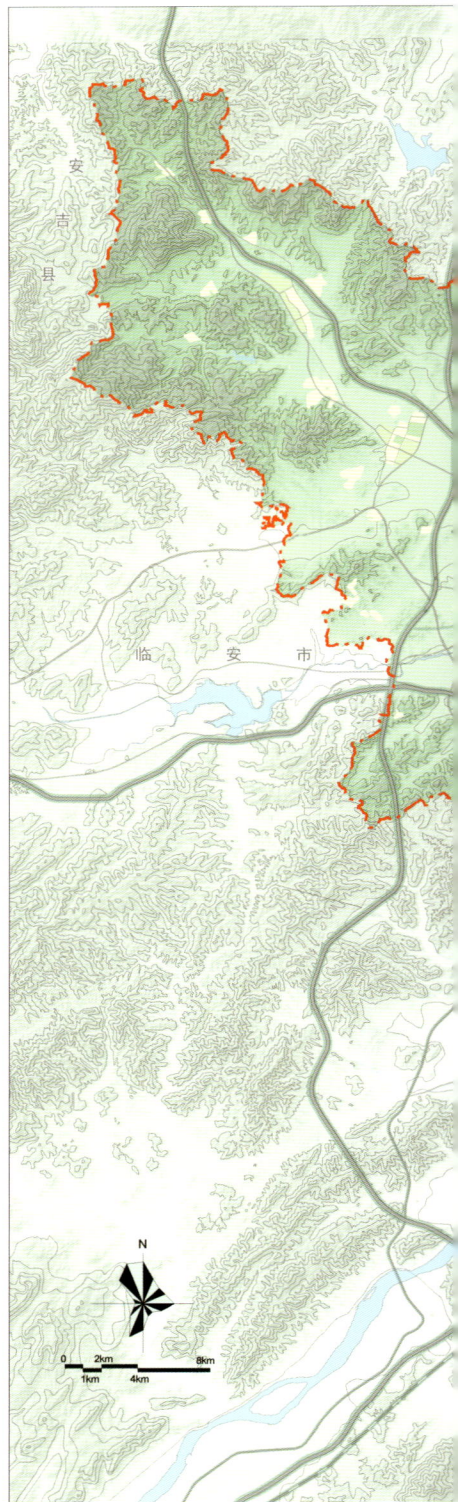

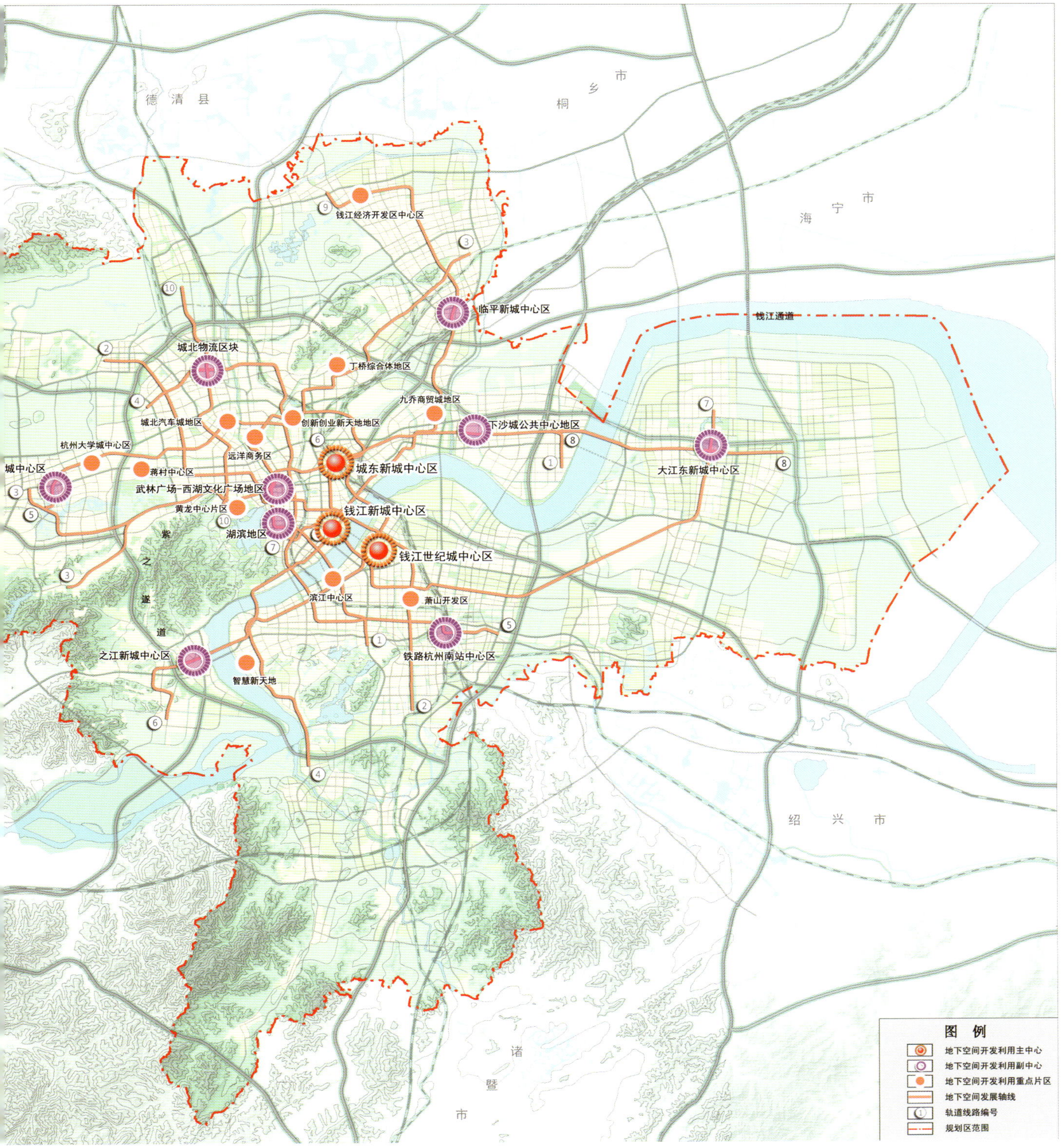

德清县
桐乡市
海宁市
钱江通道
钱江经济开发区中心区
临平新城中心区
城北物流区块
丁桥综合体地区
九乔商贸城地区
下沙城公共中心地区
城北汽车城地区
创新创业新天地地区
杭州大学城中心区
远洋商务区
城东新城中心区
大江东新城中心区
城中心区
蒋村中心区
武林广场-西湖文化广场地区
黄龙中心片区
钱江新城中心区
湖滨地区
钱江世纪城中心区
紫之遂道
滨江中心区
萧山开发区
之江新城中心区
铁路杭州南站中心区
智慧新天地
绍兴市
诸暨市
图例
地下空间开发利用主中心
地下空间开发利用副中心
地下空间开发利用重点片区
地下空间发展轴线
轨道线路编号
规划区范围

地下空间规划结构图（来源：《杭州市城市总体规划（2001—2020年）》）

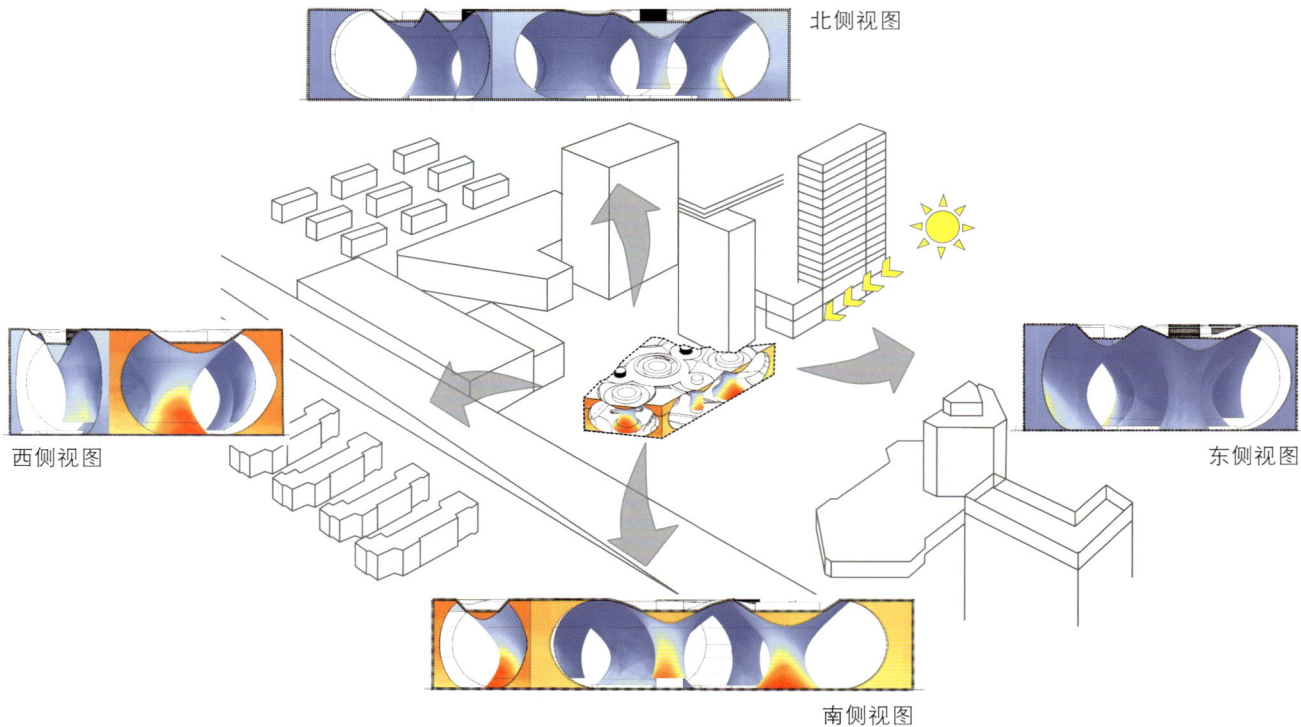

北侧视图

西侧视图

东侧视图

南侧视图

年日照分析

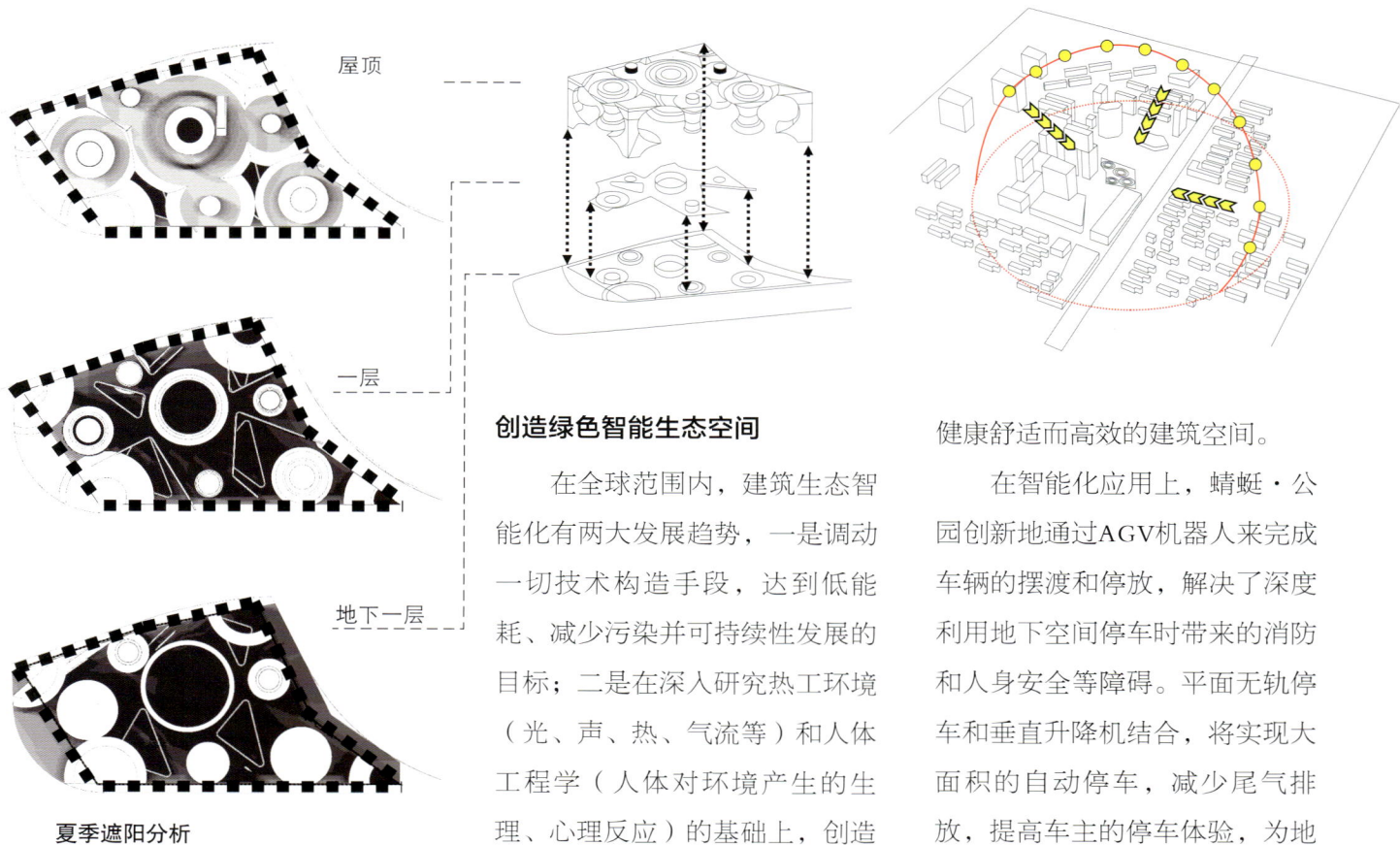

屋顶

一层

地下一层

夏季遮阳分析

创造绿色智能生态空间

在全球范围内，建筑生态智能化有两大发展趋势，一是调动一切技术构造手段，达到低能耗、减少污染并可持续性发展的目标；二是在深入研究热工环境（光、声、热、气流等）和人体工程学（人体对环境产生的生理、心理反应）的基础上，创造健康舒适而高效的建筑空间。

在智能化应用上，蜻蜓·公园创新地通过AGV机器人来完成车辆的摆渡和停放，解决了深度利用地下空间停车时带来的消防和人身安全等障碍。平面无轨停车和垂直升降机结合，将实现大面积的自动停车，减少尾气排放，提高车主的停车体验，为地面创造智能绿色生态景观环境提供了有利条件。

在生态空间构造上，蜻蜓·公园具有丰富的自然通风和采光，可极大地减少维持建筑温度的能耗；能够采集和储存雨水，可用于绿地灌溉和建筑清洁；在屋顶与地面均种有绿植，能够为建筑创造良好的生态环境；地面广场半开放的建筑空间使温度与自然通风达到完美平衡。

蜻蜓·公园通过地下智能停车库与地上微观立体花园的融合，实现了建筑功能与空间的紧凑化、高效化、立体化、复合化、智能化和生态化健康发展。

聚焦全产业链，实现产业化发展

2014年4月，《关于印发鼓励和推进杭州市区公共停车场产业化发展实施办法的通知》发布，停车作为一个全新产业应运而生。

"十三五"期间，杭州市钱江新城投资集团有限公司（以下简称"钱投集团"）结合国家和地方有关政策，响应市委市政府破解"停车难"问题的号召，集中优势资源与力量，谋划停车产业的长足稳步发展。为此，2016年12月19日，钱投集团成立杭州市停车产业股份有限公司（以下简称"钱投·杭停股份"），开始在停车领域进行全

新探索，并着力从资源优势、管理水平、科技进步、产业布局等四个方面研究企业的核心竞争力。

钱投集团认为，未来的停车库将出现革命性的变化，其形式将不限于单一静态交通空间的构建，而是会趋于多元化，譬如融入社区服务、公共绿地，乃至城市客厅等功能；更值得注意的是，这将是停车空间内部运作体系的系统性技术创新，同时也将引起未来城市规划和建筑设计层面中与地下空间和消防技术规范相关理念的深刻变化。

基于此，钱投集团需要构筑由土木工程、机械制造、自动化控制、大数据云平台运用和金融扶持五大板块共同组成的停车产业链，并同步推进。

需要将机器人技术引入汽车搬运领域，并不断加大投入，帮助尚处于萌芽状态或初创期的企业，围绕机器人搬运这个课题深入推进技术和产业发展。

需要充分利用现有产业引进更先进产业，对接产业基金、其他区域停车资源、高科技互联网公司等，借助大数据、云计算、物联网等科技手段，打造智能化O2O（在线离线商务模式）停车平台，提高停车资源利用效率，拓展停车产业延伸产品，提高板块经营水平和盈利能力。

需要积极引进专业化人才，引入以市场为导向、效益为目标的决策机制，引入以现代企业管理制度为基础的管理机制，提高市场反应的灵敏性、决策方式的灵活性、业务执行的效率性，实现管理、激励手段的多样性，激发公司活力。

在此理念下，2017年，钱投集团在停车场库建设、Q·Parking系统（杭停股份智慧停车系统）迭代升级及共享经济研究推进方面取得可喜成绩，并受邀参加浙江省政协相关专题会议。从那时开始，钱投集团停车产业迈出坚实步伐。

2018年底"未来停车场——杭停·蜻蜓公园"项目作为钱投·杭停股份的停车旗舰产品开始建设，关于未来停车的各种具体场景植入到新的产品中。

2019年7月末，钱投集团配合相关部门在杭州推出全国领先的城市大脑停车系统，并开通"先离场、后付费"便捷泊车服务功能，大大提高通行效率。

理念与实践同频推进，产业与企业同步成长，随着蜻蜓·公园这一旗舰产品的问世，钱投集团将在停车产业链的完善与发展上迈上新的台阶。

彰显人文关怀与历史温度

蜻蜓·公园以先进的停车科技给市民带去最人性化的关怀。在这里，地下一层是停取车转换区，这里彻底实现了"人车分流"，15个潮汐控制的升降机，通过智能引导系统迅速分析出整个停车库的停泊情况，计算出最优的线路和目的地并发出指令，接收到指令的AGV机器人，通过垂直运输梯将车辆运送至塔库或者是地下不同楼层。人们只需要将车停到升降机内，即可从垂直电梯离开；也可以在转换区处坐坐，喝喝咖啡，看看AGV工作，聊聊天，剩下的工作便由机器人来完成。

AGV机器人将汽车送入电梯，并根据车库情况，将其停放到合适的位置。当在停车高峰时，十几部电梯可同时工作；当在停车低谷时，存车和取车电梯有序分工，实现最短路径、最快速度存取车。

蜻蜓·公园通过这样专业化、精细化运营，以停车为场景入口，不断深入到汽车后市场及以车为载体的各个生活场景，构建集出行、社区、消费、休闲、医疗、政务、商务全场景的智慧生活新生态，最大程度便利市民，彰显人文关怀。

蜻蜓·公园选址于庆春东路上，这里是杭州老城区与钱江新城的交界处，向东是宽阔的钱塘江和鳞次栉比的新建筑，昭示着

停车系统智慧互联

城市新的发展速度；向西是具有传统韵味的老建筑和改革开放以来修建的新建筑，新老建筑交错并立，讲述着城市的过往历程。

蜻蜓·公园以超现实主义的形态，连接起杭州城的历史与未来，并通过城市共享停车平台、城市大脑停车系统等，以智慧化停车功能，与新老停车设施一起，为杭城的停车产业发展作出自己的贡献。

未来智慧城市照进现实

凯文·林奇在其《城市形态》一书中说："一旦城市的思想孕育出来，就需要新的功能与新的价值标准。我们发现这些新的功能和新的价值标准往往是由那些熟知城市功能的人栽培出来的。"

在未来智慧城市愿景中，城市拥有全面透彻的感知系统，通过各类传感设备与智能化系统，能够感知城市的全方位需求与供给；拥有宽带泛在的互联网络，如同神经系统，实现人与人、人与物、物与物的随时互联互通；拥有智能融合的应用，基于云计算、大数据、区块链等技术，构建智慧城市大脑，并通过"云"

蜻蜓·公园向东连接未来，向西连接历史

与"端"的结合，让融合无处不在；拥有以人为本的可持续创新。

蜻蜓·公园基于未来智慧城市愿景，智能停车系统能够根据车流高峰的变化进行潮汐转换，能够方便、快捷、精准地实现市民停车取车；广场上分布的传感灯柱能够进行信息发布、广告投放、泛光投光、场地照明、视频监控；蜻蜓·公园融入钱投·杭停股份的城市共享泊车平台与城市大脑停车系统中，实现智能融合应用；以人为本的设计，解决停车需求的同时，创造了科技感、未来感与生态功能兼具的公共空间，满足人民群众的精神文化需求。

可以说，蜻蜓·公园是一扇窗口，以智能停车场为入口，将未来智慧城市愿景照进现实，智慧互联、云端结合的生活方式在这里预演，给人以未来生活的感受。

城市客厅

云上车展

无人机快递

无人机巡逻

机器人服务

艺术人生

新闻发布

未来城市场景

杭州城引领未来的新范例

江南忆，最忆是杭州。十里荷花，三秋桂子，是古典的杭州；钱江新城，电商之都，是现代的杭州；科技创谷，智慧云城，是未来的杭州。古典、现代与未来，交织出"人间天堂"杭州的独特光谱。

习近平总书记曾在欧美同学会成立一百周年庆祝大会上提及："创新是一个民族进步的灵魂，是一个国家兴旺发达的不竭动力，也是中华民族最深沉的民族禀赋。在激烈的国际竞争中，惟创新者进，惟创新者强，惟创新者胜。"如今，蜻蜓·公园横空出世，成为引领杭州停车产业未来的新范例。它与古典的杭州紧密相连，与现在的杭州齐头并进，给未来的杭州奠定基础。

就让我们阅读杭州的古与今，感受蜻蜓·公园为它增添的独特魅力。

杭州的经济社会发展

经济社会快速发展

2015年杭州拿到了中国城市"万亿俱乐部"的第十张入场券，成为俱乐部里"新来的年轻人"。6年之后，杭州前进至第八名，并努力朝着"2万亿俱乐部"挺进。2021年杭州实现地区生产总值18109亿元，人均地区生产总值为149857元（按年平均汇率折算为2.3万美元），城镇居民人均可支配收入为74700元。

随着经济社会的不断发展和人民生活水平的提高，机动车的数量在不断增长，道路及停车设施也在不断增长。2021年全年境内公路总里程达到16989km，其中高速公路801km。截至2021年年末，杭州市社会机动车保有量376.6万辆，增长20.7%；私人汽车289.7万辆，增长27.3%。其中，主城区小汽车增长到约138万辆，但总停车泊位仅有87万个，缺口逾50万。2021年年末城镇居民家庭每百户拥有家用汽车68.1辆，增长4.3%；全市新建成停车泊位13.2万个，其中公共泊位1.2万个。

从上述的数据可以看出，随着道路的不断完善，杭州全市私人汽车的数量在快速增长，这正在改变着人们的生活方式，且未来私人汽车的增长仍有一定的空间。但停车泊位的增长相对迟缓，尤其是在寸土寸金的主城区，停车泊位的缺口仍然很大。

如何能够用最少的土地，创造出更大的空间，满足日益增长的停车需求，这正是蜻蜓·公园要探索解决的问题。

年份	数值
1980年	41亿元
1985年	91亿元
1990年	190亿元
1995年	762亿元
2000年	1383亿元
2005年	2943亿元
2010年	5949亿元
2015年	10050亿元
2021年	18109亿元

杭州地区生产总值（GDP）

长三角一体化加速

长三角地区是我国最重要的经济核心区域，也是经济最具活力、开放程度最高、创新能力最强、吸纳外来人口最多的区域之一。早在20世纪60年代，长三角地区就被美国地理学家戈特曼列为世界六大都市带之一。

改革开放40多年来，长三角地区的经济社会发展成就令世人瞩目，已经成为最具国际竞争力的大都市带之一。2019年，长三角地区沪苏浙皖三省一市生产总值总量达23.73万亿元，占到当年我国国内生产总值的近1/4。

引人瞩目的经济发展背后的必要支撑便是高效便捷的区域交通网络，它在长三角区域互联互通中起着基础性、先导性作用。近年来，随着长三角区域一体化步伐的加速，构建对外高效联通、内部有机衔接的多层次综合交通网络，推进长三角区域交通运输更高质量一体化发展就成为内在需求。

在这样的大背景下，互联互通带来的必然是外来车辆的增多和对停车泊位更大的需求。如何通过智能引导，让外来车辆能在不熟悉的环境中快速找到停泊车位，促进长三角区域城市之间的人员交往，这也正是蜻蜓·公园要触及的问题。

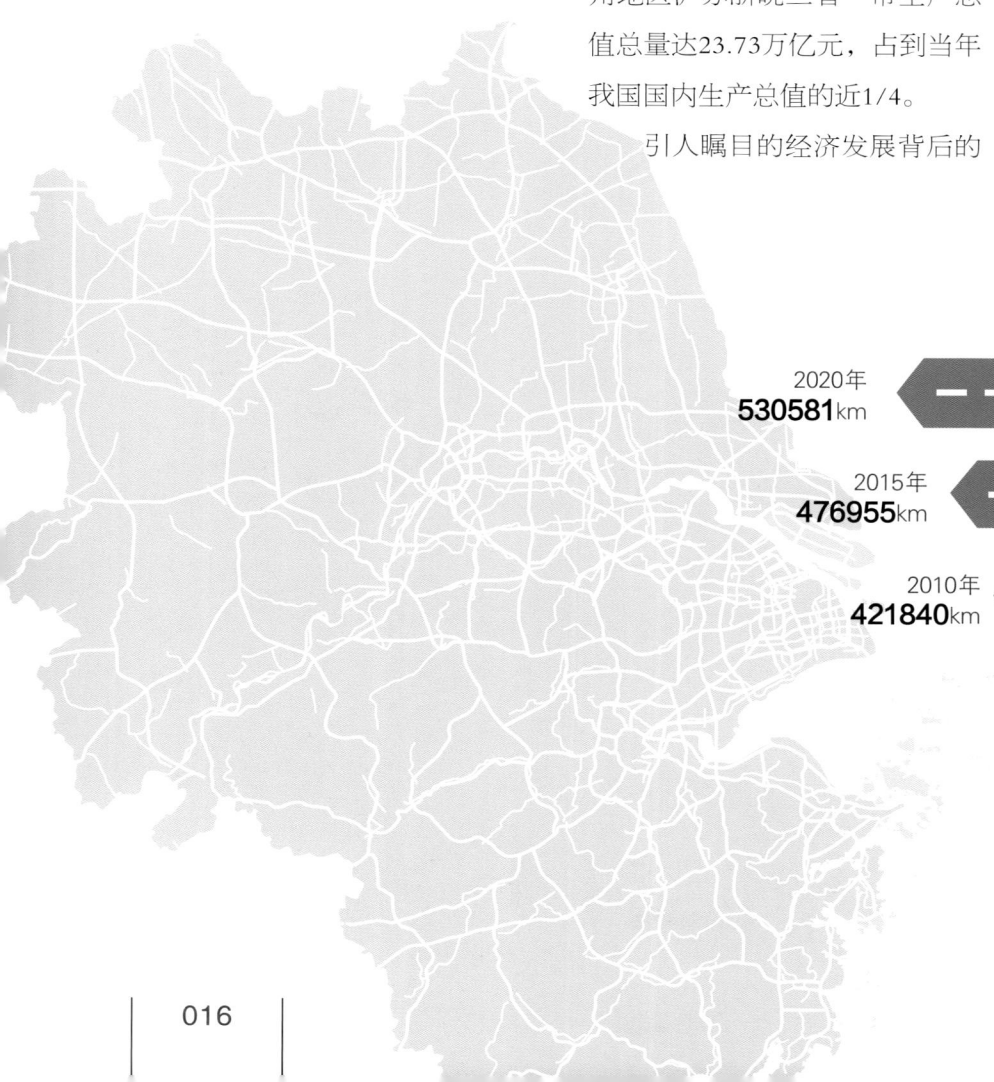

2020年
530581km

2015年
476955km

2010年
421840km

2000年
150446km

长三角（江浙沪皖区域范围）公路里程

数字经济强力催动

杭州致力于打造"全国数字经济第一城"，早在2014年，杭州就在全国率先提出实施信息经济智慧应用"一号工程"，并不断实践。2020年全市数字经济核心产业实现营业收入1.29万亿元，占GDP比重达到26.6%，数字经济成为高质量发展的引领力量。

与此同时，杭州的数字治理走在全国前列。城市大脑已成为深度链接和支撑数字经济、数字社会、数字政府协同联动发展的城市数字化治理综合基础设施，建成了11大系统、48个应用场景，开启了城市数字化治理新篇章。根据《中国城市数字治理报告（2020）》显示，杭州数字治理指数位居全国第一，获评"新时代数字治理标杆城市"称号。

钱投·杭停股份便参与了杭州城市大脑停车系统建设，其开通的"先离场、后付费"便捷泊车服务功能发挥了重要作用。

未来，蜻蜓·公园必将成为杭州城市大脑停车系统的重要参与者，并以其先进的功能，给杭州未来停车场的建设提供更为丰富的经验。

可以说，蜻蜓·公园的诞生是长三角区域一体化发展影响下的必然结果，是杭州城市经济社会发展的客观要求，也是数字经济结出的硕果。同时，它也与杭州长期以来的城市发展理念相吻合，带有杭州特殊的气质。

未来智慧泊车场景

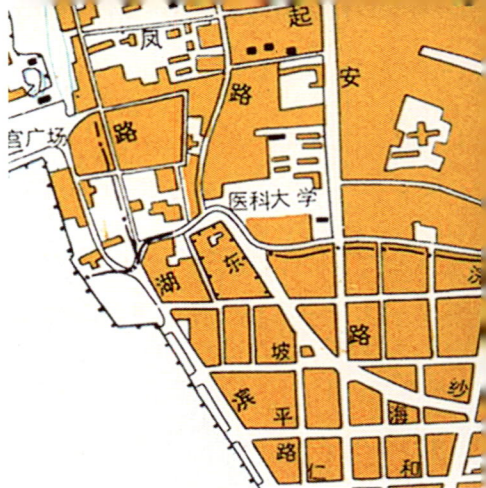

杭州人的庆春路情结

庆春门，始建于南宋绍兴二十八年（1158），原名东青门，因门外多菜圃，又称菜市门。元兵进占杭州时毁坏，元末张士诚改筑杭州城时将城门东移三里，因靠近太平桥，故称太平门。

明朝始有庆春门之称。明初朱元璋部将常遇春由此门入城，故名"庆春"。古代有"东郊迎春"的风俗，芒种前，杭州官民都会到庆春门外先农坛迎请芒神送至吴山，祈愿一年丰收。送神队伍中有活牛、泥牛各一头，用鞭打牛，象征春耕开始。

南宋时，庆春门内是皇城的花园，后以民居和菜圃为主，彼时"田畴万顷，一望无际。春时，桑林麦垄，高下竞秀。风摇碧浪层层，雨过绿云绕绕。雉鸣春阳，鸠呼朝雨。竹篱茅舍，间以红桃白李，燕紫莺黄"，一派田园风光。

庆春门内的庆春街是杭州最繁华的街道之一，也是最具烟火气的地方。每天早晨，村民担着菜担从庆春门进城沿街叫卖，午后再返回。庆春门西面有惠济桥，俗称"盐桥"，为宋代盐船榷盐处；东边有菜市桥，因宋代蔬菜集市得名。北面有后梁古刹潮鸣寺，寺北有因高宗赵构路过

题诗而得名的回龙桥。庆春街西端还曾有纪念岳飞的"忠烈祠"。

烟火气与文化气兼具，使这里成为文人喜爱的寓居地。唐代著名书法家褚遂良、清代著名剧作家洪昇都曾在这一带居住。

古庆春门外便是贴沙河，开凿于公元861年，主要用以宣泄钱塘江水、拱卫杭城，两岸柳树依依，风韵十足，在闹市中显得异常静谧。然而事实上，这里从来都不曾平静，贴沙河两岸、庆春门内外及庆春路，历来便是杭

庆春门

改造前的庆春路

古庆春门附近的"鞭春牛"雕塑

20世纪80年代庆春路沿线

20世纪90年代庆春路沿线

州城市创新的试验场，曾在历史上书写了许多堪载史册的成就。

1905年浙江省首条铁路——江墅铁路，沿着庆春门一带的城墙在贴沙河畔行进，后接入沪杭铁路，成为杭州城最为繁忙的交通线。

新中国成立后，庆春路依旧是杭州市商业繁忙的街路之一，但仅10m宽的街道拥挤阻塞，严重制约经济发展。于是在1992年，庆春路拓宽改造，跨越铁路，成为宽达40m的东西向城市主干道，是当时杭城最宽阔的街道之一。

与此同时，为筹措改造资金，1992年4月，庆春路两侧土地使用权第一次尝试了公开招标出让，拉开了杭州土拍的序幕。这些土地出让后陆续建起高楼。

银行的省或市级分行以及多家外资银行、证券公司、保险公司陆续入驻，让庆春路有了"杭州华尔街"之称。庆春路的成功改造还创造了"以路带房、以房养路、路房结合、综合开发"的城建"庆春路模式"，并在全国得到推广。

千禧年前后，杭州开始从"西湖时代"向"钱塘江时代"迈进，杭州金融行业沿着庆春路流向了钱江新城，在那里重新汇聚，成为新时代杭州的CBD。虽然，随着时代的变化，庆春路的角色在转换，但在人们的记忆中庆春路永远烟火气十足，也永远保持着创新的勇气，于是便有了杭州首座未来停车场——蜻蜓·公园在庆春路上的问世。

蜻蜓·公园地块经历的杭城变迁

蜻蜓·公园坐落在庆春门内的老城与钱江新城的中间点上，属于四季青街道定海社区，这是一块见证过杭州城不断变迁的土地，它本身写满了故事。

定海社区位于四季青街道东南部，东、南至钱江路与钱江新城相连，西至秋涛路、七甲路与采荷街道青苑社区为邻，北至杭海路与钱杭社区、三叉社区相连。面积1km²，人口3520。千余年来，其经历了沧海桑田的变换。

五代后梁开平年间（907—911年），钱镠筑"钱氏捍海塘"以保护杭城安全之时，定海社区尚处在钱塘江中。

南宋咸淳年间（1265—1274年）这里毗邻盐场。在其西南处，建有乌龙庙（旧址在今孔雀大酒店，后在旧址北部建乌龙亭）。相传岳飞被害之后，赫蛮龙从云南起兵东讨，失败后自尽于钱塘江，人们为纪念他而修筑了此庙，是钱江边颇具地标性的庙宇建筑。

明末清初，钱塘江改道，政府大规模修筑海塘，这里已发展为定海村。清乾隆时期（1736—1795年）乡民为了祈神镇海定潮而在村西北修筑了定海殿，村名也由此而来。

新中国成立后，这里是定海行政村所在地，下辖定海殿、永和、唐祝、光福庙、乌龙庙等5个自然村。自此到改革开放前，其行政隶属关系几经变迁。1956年为定海、永和农业合作社，属沿江乡；1958年为定海、永和生产队，属四季青人民公社；1960年属笕桥人民公社；1961年仍为定海、永和大队，属乌龙人民公社；1979年更名为定海生产大队；1984年，改称为定海行政村；1989年5月撤村建

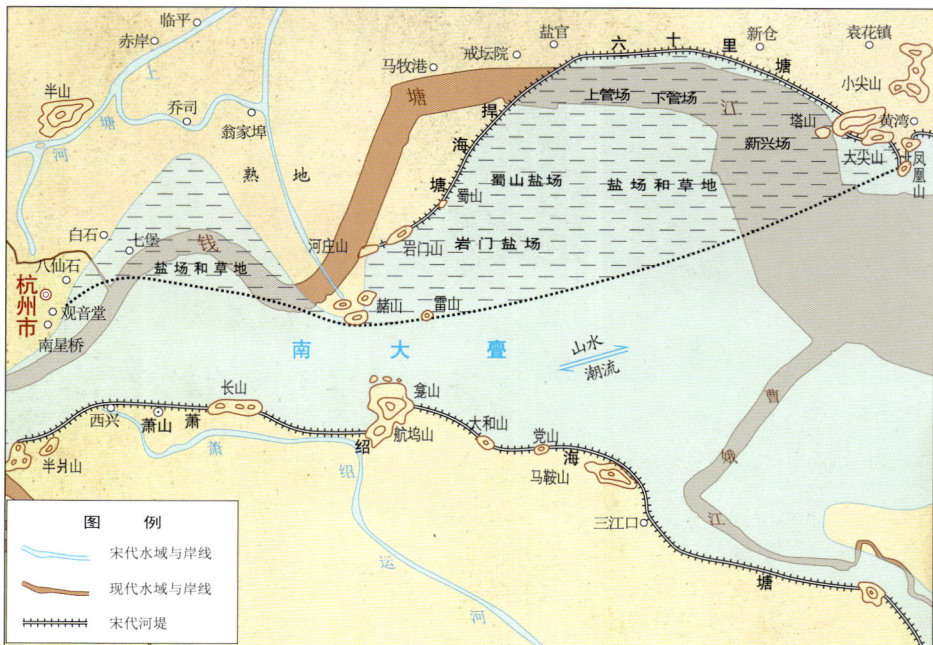

宋时钱塘江江道示意图

居；2002年8月撤居建定海社区。

新中国成立初期，定海村主要以种植四季蔬菜为主，黄瓜、番茄、辣椒、小白菜、大白菜、青菜等均有。1961年开始，由于村民口粮不足，乌龙人民公社便围垦钱塘江滩涂造地种植水稻。当时，定海大队围垦200亩（约为13.3hm²）用于水稻种植。

改革开放后，杭州的城市发展步伐开始加快。随着20世纪80年代秋涛北路、庆春东路等相继通车，沿线的采荷小区、邵逸夫医院等陆续落成，21世纪初庆春广场建成，定海村也迎来了新的命运。

从1984年开始，定海村所辖的5个自然村陆续拆迁，原来的村民除了几个蔬菜承包大户之外，大多数开始招工进厂。20世纪90年代，村里依旧保留了相当规模的菜地，并开展了挖塘养甲鱼、种葡萄等多种经营方式。

但随着城市的继续扩张，1989年撤村建居，2007年彻底没有了耕地，定海村真正转变为城市社区。村民除在周边的工厂、医院、写字楼等单位就职外，也从事房屋、店面出租；开饭店、旅馆；开出租车等工作，并每年

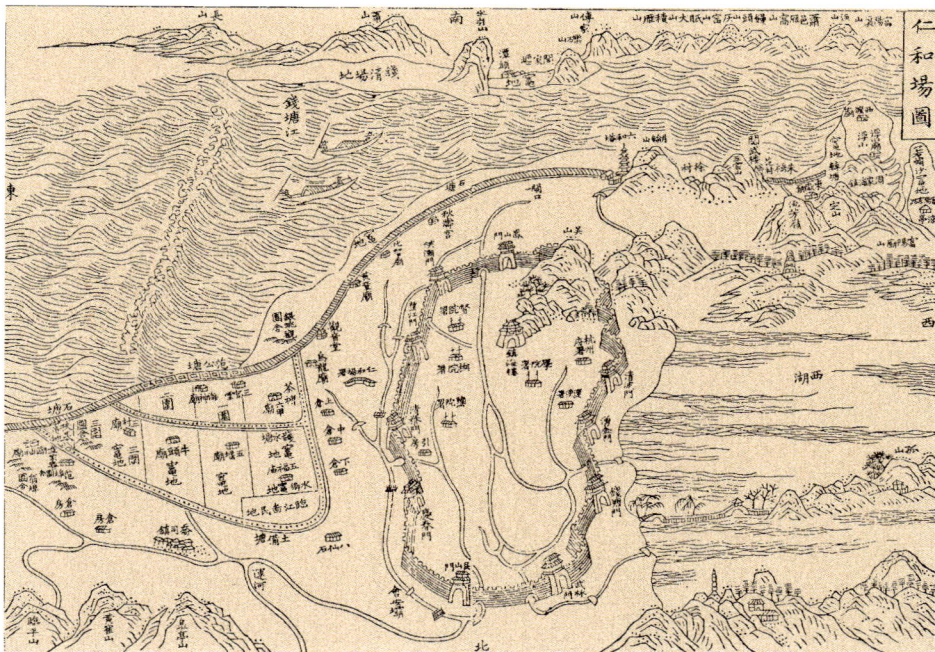

清《钦定重修两浙盐务志·仁和场图》

从社区获得分红。

在这个长久的变迁过程中，蜻蜓·公园所在的定海村三组是最后拆迁的。这里原有50户居民，于2015年11月开始动员拆迁，原本计划于2016年完成，结果在2015年底之前便全部完成了。

拆迁之前，这里高低不平、环境也较为脏乱，是庆春东路上的一块"软肋"。如今，随着蜻蜓·公园的建成，这里将蝶变为连接老城与新城的靓丽一环，成为庆春路上新的地标。

回顾定海社区周边的历史变迁，新中国成立前，这里经历了从无到有、从盐场到菜地的变

化；新中国成立后，这里经历了从农村到城区的演变，20世纪80年代，完善了就业、居住、就医等民生基本需求，21世纪初满足了购物、娱乐及文化消费需求。而今，随着蜻蜓·公园的建成，在满足居民停车需求的同时，也给他们增添一处生态休闲之所。

创新的设计、集成的功能预示着蜻蜓·公园不会是一座普通的停车场，它注定要在杭州的城建史上写下浓墨重彩的一笔。

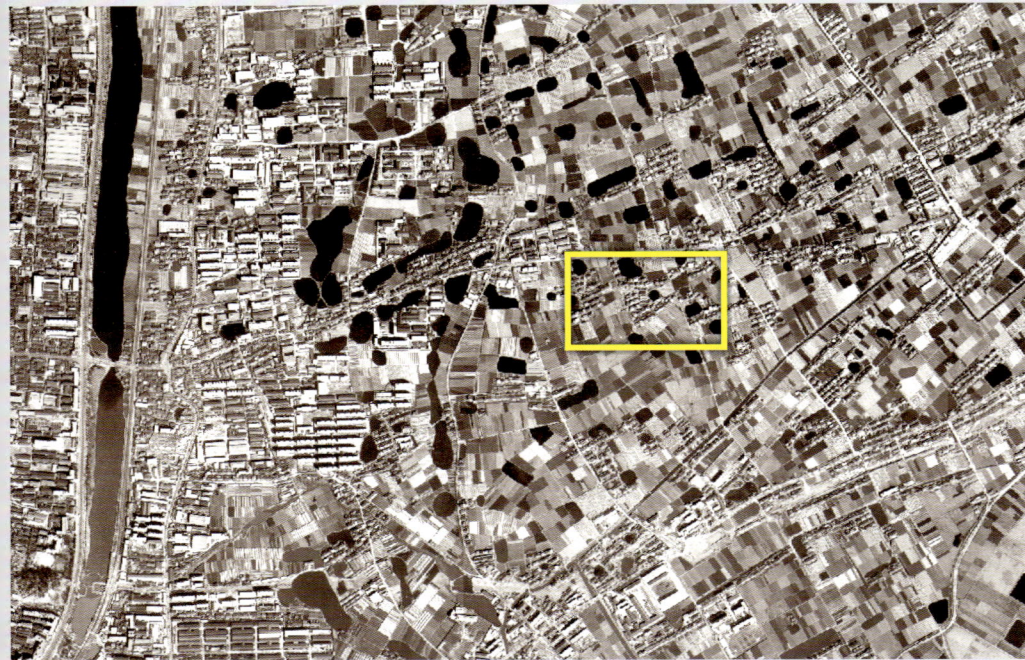

1984年，蜻蜓·公园地块是个郊区农村，阡陌纵横，菜地平整，水塘遍布。

2001年，庆春路东延，邵逸夫医

　　2014年，秋石高架在建设中，旁边的邵逸夫医院、庆春广场等都已成熟，蜻蜓·公园地块成为庆春东路的一块"软肋"。

2016年，定海村三

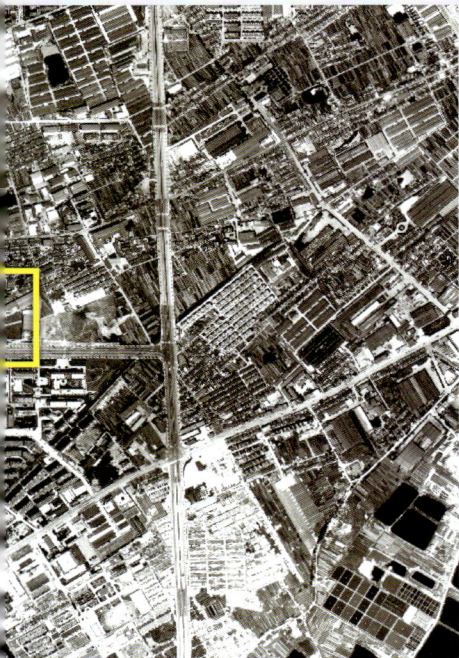

蜻蜓·公园地块开始融入城市。

2007年，经过城中村改造的定海村三组已经成为城市社区。

，城中村夷为平地。

2022年，蜻蜓·公园初见峥嵘。

不同年份蜻蜓·公园地块及其周边区域影像图

智慧城市停车场新形态

国外停车设施的迭代

国外公共停车设施的发展主要经历了四个阶段，每个阶段都伴随着特定时期的经济、社会、交通发展背景，呈现出不同的特征。

路边停车阶段

第二次世界大战之前，汽车工业正处于兴起初期。欧美地区小汽车数量的增加尚未对城市交通造成过大的压力，私人小汽车尚未在交通出行中占据主要地位；城市规模较小，城市中心区土地利用类型较简单，以小汽车出行为核心的基础设施建设十分有限。因此，这一时期城市中心区停车设施供需矛盾不突出，主要的停车方式是路边免费停车。

地面停车场、投币停车阶段

"二战"结束至20世纪50年代末，欧美城市处于恢复期，随着人口和小汽车拥有量的增多，以及城市中心区的经济复苏与发展，停车设施需求量增长迅速。同时，随着投币式停车管理设备的发明，通过停车设施供给实行停车管理的思想开始投入实践。这一时期，城市中心区停车设施发展的主要形式是地面停车场和路边投币式停车位。

地下停车和停车楼阶段

20世纪50—70年代末，欧美城市经济蓬勃发展，人口迅速增长，小汽车拥有量突飞猛进，涌现出大量城市更新项目。由于土地价格的快速攀升，新建建筑呈现出立体化发展的趋势，建筑物向着垂直方向扩展的速度快于向水平方向延伸的速度，城市中心区现代景观和地域特点逐步形成，土地利用集约程度日益提高，类型日益复杂。大型购物中心和高层办公大楼成为欧美城市中心区的主要发展内容。

这一时期城市中心区停车设施的发展特点包括：广泛建设大型多层停车楼；大型地下停车设施与其他建设项目相结合；停车设施发展研究受到重视，开始设立停车设施的规划、设计、建设、运营、管理等专业部门；城市中心区停车设施结合交通设施和土地利用情况形成有机系统，使人们进出中心区以及在中心区活动更加便捷舒适。

重视总体规划、强化设施管控阶段

20世纪80年代以来，欧美城市中心区处于稳定发展时期，停车设施已从快速建设转向强化管控。20世纪70年代石油危机所引发的全球经济不景气，导致80年代以来新自由主义的市场导向政策深入影响城市发展的各个方面。在停车设施发展方面，重视企业式的经营来供给城市基础设施，也充分利用管理模式的提升来确保设施运作的效率。很多大城市通过各项政策法规的制定与实施抑制城市中心区停车设施的供给，通过限制拥车用车的管理手段，使停车设施既满足停车需求，又与城市总体规划、交通规划、土地利用规划、环境规划、社会经济发展目标等相一致。

我国停车设施发展概况

我国自1994年颁布《汽车工业产业政策》以来，机动车保有量迅速增长，从1994年的不到1000万辆增长至2021年的3.95亿辆。截至2021年年底，全国已有79个城市汽车保有量超过百万辆。在快速机动化的冲击下，城市停车供需矛盾日益突出。

根据国外一般经验和我国停车研究的相关成果，在泊位总供给中，配建停车位应占80%以上，社会公共停车位应占10%左右，路内停车位占5%左右，合理的停车泊位供需比应为1：1.15左右，而我国的供需状况远远达不到此要求。

近20年来，我国所面对的停车问题主要表现为基本车位不足、驻车矛盾、白天随意停车、停车秩序混乱、停车设施闲置、利用率偏低、地上停车拥挤、地下停车空闲等，主要症结在于：配建指标滞后、泊位建设滞后、收费机制滞后、资源利用不足、需求调节不足、管理水平不足。总的来说，机动车保有量的迅速增长和停车配建指标的相对滞后，导致了如今的停车难题。

21世纪以来，国内不少城市在停车收费管理方面进行了积极的探索及有益的尝试。早在2006年之前，深圳就对城区各类社会公共停车场的收费标准进行分类指导，建立以市场为导向的停车价格管理机制。上海明确停车收费性质，将路内停车收费归入行政事业性收费，实行收支两条线管理。杭州对路内停车实行政府定价，在不同地段、不同时段实行不同的收费标准，并确立浮动机制。

杭州的停车难问题

近年来，随着经济社会的快速发展，杭州虽然在缓解城市停车难问题方面采取了诸多措施，但城市机动车的增长依然迅速，城市停车供需矛盾日益突出。截至2021年年底，杭州主城区小汽车已经增长到了约138万辆，但停车泊位仅有87万个，缺口逾50万。虽然停车泊位数近几年来增长较大，但和1.2∶1的城市停车位数量与机动车辆数量合理比例（依据国际城市建设经验）相比，依旧相去甚远，且存在着巨大的停车泊位缺口。究其原因，大致有以下几个方面：

历史欠账多，"老小区"问题突出。配建停车场是停车设施的主体，应占总需求的85%以上。而2005年以前杭州执行的国家配建停车指标非常低，2005年以后出台并严格执行的浙江省停车配建标准也跟不上小汽车的发展，而这些历史欠账在20世纪90年代已经基本建成、建筑密度又很高的老城区很难解决。

交通吸引点集中，对周边交通影响大。杭州市中心区功能集聚，行政中心、商业中心加上西湖的旅游交通，医院、市场、教育资源也大都集聚在此，停车供

杭州市社会机动车保有量及新建成停车泊位

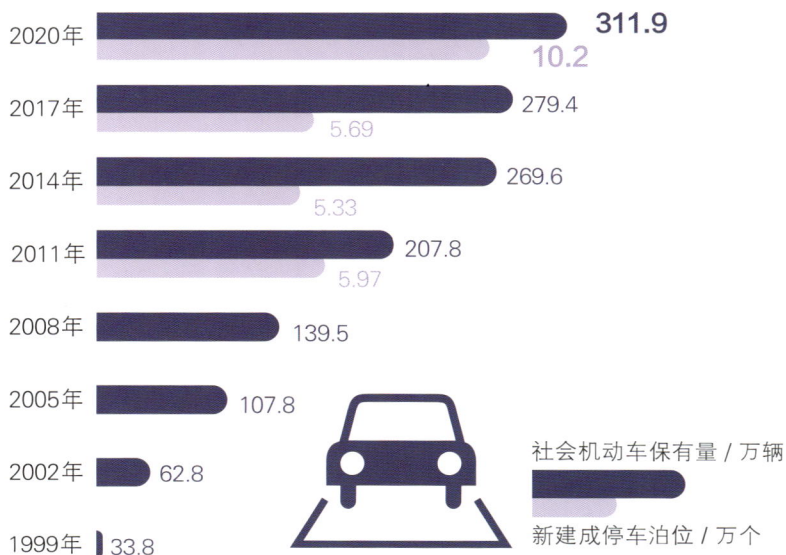

年份	社会机动车保有量/万辆	新建成停车泊位/万个
2020年	311.9	10.2
2017年	279.4	5.69
2014年	269.6	5.33
2011年	207.8	5.97
2008年	139.5	
2005年	107.8	
2002年	62.8	
1999年	33.8	

社会机动车保有量/万辆
新建成停车泊位/万个

需矛盾相当突出，对中心区动态交通也带来极大压力。

停车结构不合理，路内停车泊位比例过高。配建停车场的比例低、路外专业停车设施缺乏、路内停车泊位比例过高，使本应以临时停车功能为主的路内停车成为公共停车的主体，长时间占用道路资源对动态交通产生较大影响。

车辆增长快，停车需求缺口不断扩大。一方面，主城区机动车年增长率超过20%，但占停车设施主导地位的配建停车泊位增速较为缓慢；另一方面，杭州在G20（二十国集团）峰会后作为国际风景旅游城市而吸引了大量外

路内泊位

立体停车库

地机动车辆进入，故而在诸多因素的推动下，导致现阶段停车泊位严重不足。

"静态交通"的恶化已严重影响到"动态交通"的有序通行，从而形成了恶性循环。因此随着土地资源的日益稀缺，在有限的条件下，如何更高效地对地上地下空间进行开发，成为项目开发的重中之重。

智慧停车是解决方向

在林林总总的问题面前，一味"摊大饼"式地建设停车场早已不符合时代潮流，层层叠加式地建设地下停车库和立体停车库也非良策，只有将国家和地方政策结合起来，并综合运用先进的科技手段进行集成创新，让停车库"智慧"起来，才能最大程度地发挥出它们的作用。现在，正当其时。

国家和地方政府自2015年以来，相继出台一系列政策计划来激励和推动城市停车场的建设，

以期加快推进解决居民停车难的问题。2015年国家发展改革委办公厅相继印发《关于加强城市停车设施建设的指导意见》（发改基础〔2015〕1788号）、《加快城市停车场建设近期工作要点与任务分工》（发改基础〔2016〕159号）。

杭州市人民政府也相继出台相关规划措施。2017年的《杭州市城市建设"十三五"规划》中提出要"继续加快公共停车场库建设。坚持高标准建设和配建停

车泊位，同步加快推进公共停车场（库）建设。通过大项目带动、存量土地挖潜、鼓励单位利用自有用地等方式集约化利用土地，引入新技术、新设备建设公共停车场库，弥补中心城区基本停车泊位刚需"。

同时，市政府也出台了《鼓励和推进杭州市区公共停车场产业化发展实施办法》和《杭州市鼓励社会力量投资建设公共停车场（库）资金补助办法》等政策和办法以鼓励引导社会资本参与停车场（库）建设。

而2021年发布的《杭州市城乡建设"十四五"规划》，除了提出新增机动车停车位40万个外，其中包括新增新能源公用充电桩的要求，还特别提出了城市智慧化停车推广率预计达到75%的计划。

杭州发达的互联网产业，不仅为经济发展带来了直接推动力，更是如毛细血管一般，渗透各行各业。在本地强大的互联网产业的大背景之下，在政策和市场需求等多方面的带动下，停车空间和停车模式也发生了更新迭代。

从利用储备土地、临时用地、企事业单位自有土地建设公共停车场，到利用学校操场、公共绿地等地下空间及高架桥梁下部空间、建筑屋顶等建设公共停

车场，再到结合出让土地同步增配公共停车泊位指标，鼓励立体塔库和地下智能机械式停车库项目建设。

杭州还通过组建城市大脑智慧停车系统，构建城市级停车生态云平台，覆盖全市所有区

立体车库

（县、市），实现停车数据的集中统一采集、存储和管理。

在这样的大背景下，以智慧停车来缓解未来城市停车难的问题就成为必然，蜻蜓·公园便带着这样的使命诞生了。

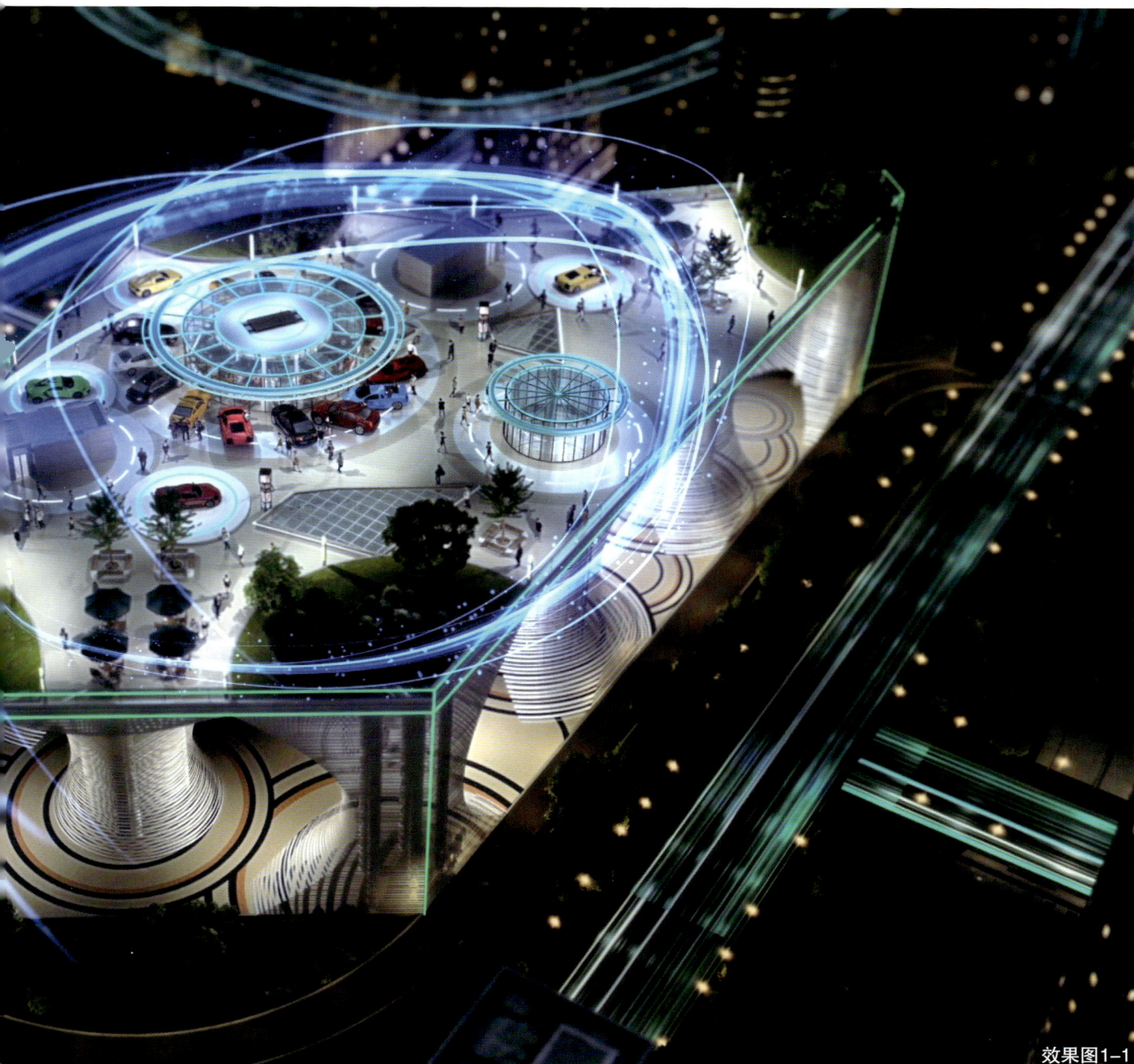

效果图1-1

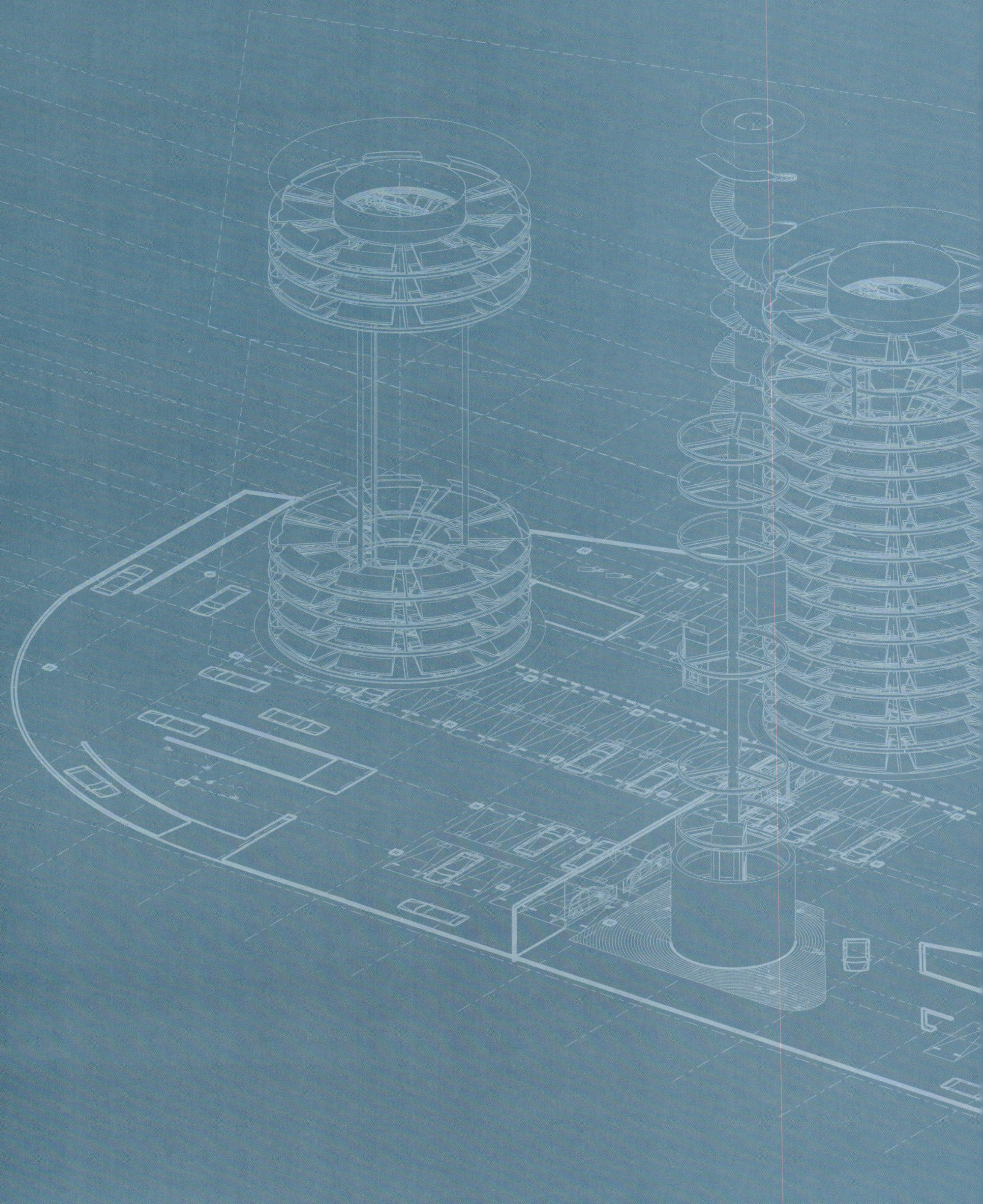

第二章
设计篇

艺术挑战技术，技术激发艺术

——约翰·拉塞特

设计理念
面向未来的微型立体花园城市

蜻蜓·公园项目采用微型立体花园城市设计理念，意图从改变人们停车的交互空间出发，依托前沿科技，创造智能绿色生态空间，带来静态交通的革命，以期引领停车场（库）建筑未来的发展方向。

勒·柯布西耶曾说："立体城市必须是集中的，只有集中的城市才有生命力。"

立体城市的发展理念是通过整合利用地表空间来释放城市发展空间，完善城市功能。立体城市的发展不仅包括对地上空间的整合利用，也包括对地下空间的开发。立体城市整合了现代城市的娱乐休闲、生活、办公和商业

概念模型2-1

效果图2-1

等方面的功能，扩大了城市发展的基本面，改变了城市发展的形态，发挥了资源的集聚效应。

随着城市经济建设的高速发展，作为城市中潜力巨大的空间资源，科学合理地进行城市地下空间综合开发与利用对于消解或缓解城市地面空间紧张，提升地上空间环境提供了强有力的支撑。城市地下空间的有效利用，为优化城市高密度发展空间环境，建立紧凑型、立体化、高效率的空间体系提供了条件。面向城市可持续发展愿景，探索城市地上地下空间一体化发展，优化城市空间体系，使其既能满足地上空间进一步的使用需求，又能更加深入地融入整个城市空间体系。

蜻蜓·公园旨在利用地下空间延伸城市功能，将地面建筑空间与地下停车空间进行组合实践，以实现城市地下空间与地上空间融合的创新策略。对于城市地下空间要符合安全及环境品质的严格规定，地下空间开发宏观定位与微观功能有机衔接等问题，通过地下空间生态化、艺术化、安全化的设计，来开拓建设生态化地下空间新实践。

设计特色
贯彻五大发展理念

绿色

（1）蜻蜓·公园在设计之初即秉持可持续发展的理念，通过深层次复合利用地下与地上的复合空间，提升单位土地面积利用率，节约建筑能源。

（2）采用先进的AGV机器人，可以实现"黑灯"停车，有效降低传统停车时产生的尾气与能耗。

（3）以生态为基底，丰富的自然通风和采光，极大地减少

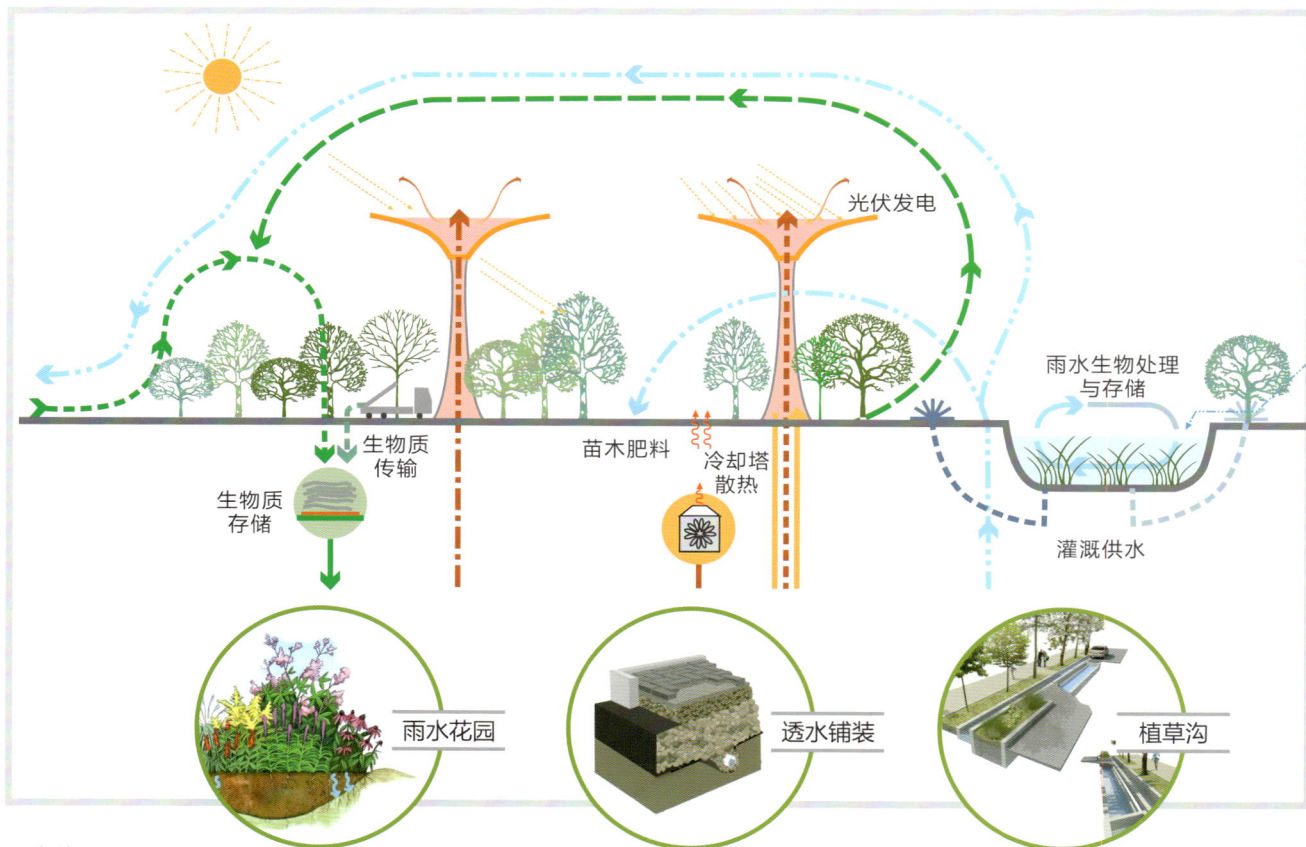

光伏发电

雨水生物处理与存储

生物质传输

生物质存储

苗木肥料

冷却塔散热

灌溉供水

雨水花园

透水铺装

植草沟

海绵城市

了维持建筑温度的能耗；采集阳光并储存雨水用来灌溉与建筑清洁，节约了能源；半开放的建筑空间特质营造了温度与自然通风的完美平衡，实现了低碳目标。

创新

（1）在宏观方面，蜻蜓·公园集成当今前沿的停车技术、停车设备与管理方式，奋力打造杭州智慧停车第一楼。

（2）在微观方面，蜻蜓·公园创新地通过AGV机器人来完成车辆的摆渡和停放，解决了深度利用地下空间停车时带来的消防和人身安全等隐患；减少甚至省去停车管理人员，"无人化"降低了管理难度和管理费用；平面无轨停车和垂直升降结合，实现大面积的自动停车；智能化设备有效缩短了停车取车时间，大大提升了停车取车的精准率，并为地面创造智能绿色生态立体景

观提供了有利条件。

（3）在空间方面，蜻蜓·公园打破了传统的停车库概念，将停车库与公园无缝结合，给人以创新的空间体验。

协调

（1）蜻蜓·公园位于杭州老城与钱江新城的交会点上，是传统与现代的交叉路口，老城区建筑传统与现代交织，新城区则是现代与后现代齐放。在这个十字路口，蜻蜓·公园以传统的宋韵色彩与老城连接，以极具未来感的外形与新城呼应，成为两个城区之间自然的过渡带。

（2）蜻蜓·公园东邻庆春广场，西临秋石高架，周边有医院、商厦、写字楼、市场等，均为人流密集的场所，蜻蜓·公园可以完善区域范围内的公共空间、绿地空间，使整体更趋协调。

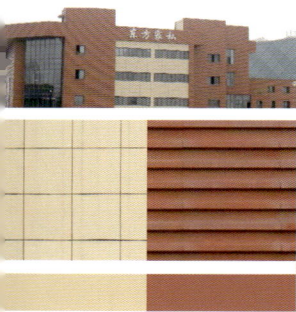

区域风貌特色

建设实景图

　　蜻蜓·公园明亮的色彩与周边深色幕墙形成适度对比，凸显项目本身，并与邵逸夫医院的色彩形成和而不同、相辅相成、相得益彰的呼应关系，共同形成区域的色彩门户关系。

（3）蜻蜓·公园色彩明亮，其周身层层堆叠的横向长条纹，与周边深色的长方形、菱形幕墙形成强烈对比，凸显出自身特色，醒目而极具标志性；与对面邵逸夫医院的白色大楼、横向条纹幕墙隔街呼应，和而不同，在庆春路口区域形成色彩门户；与此同时，不规则的建筑形状与周边建筑组成高低错落有致而又颇具特色的街角；车行流线设置了唯一的进出口，使停车取车自然方便，保证了人行流线的丰富与流畅，两者协调配合，提升了蜻蜓·公园的休闲、购物、娱乐等功能属性。

开放

（1）蜻蜓·公园周边有大规模的商业、文化及医疗设施，可以为来往这些机构的人群提供开放的公共空间，增加休闲放松的去处。

（2）蜻蜓·公园周边的医院、办公写字楼及大型商场虽然拥有一定规模的配建停车场，但由于配建数量的限制、内部停车要求限制及社会停车需求的日益增长，停车难已经成为这一区域的突出问题，蜻蜓·公园为社会公共停车设施，对社会车辆开放，可以满足500辆汽车同时停放，可有效缓解区域内尤其是就医、购物人群的停车难问题。

（3）蜻蜓·公园处在庆春东路与秋石高架两条城市主干道的交叉口，停车十分便利。与此同时，边上便是地铁二号线庆春广场站入口和庆春广场南公交站，在这里停车进行公交、地铁换乘十分便利。

共享

随着杭州城市的不断发展与人民生活水平的进一步提升，城市机动车辆快速增长，截至2021年，杭州主城区停车泊位缺口已经超过了50万个。为了缓解停车日益紧张的趋势，杭州市政府计划在"十四五"期间新增机动车停车位40万个，并提出了城市智慧化停车推广率达到75%的目标。

蜻蜓·公园不仅因应了这一需求，在城市智慧化停车方面树立了典范，而且通过构建紧凑型、立体化、高效率的空间体系，为地下空间与地面空间的复合利用树立了新的标杆，也为停车设施、公共空间与商业空间共享城市日益紧缺的土地方面做出了表率。

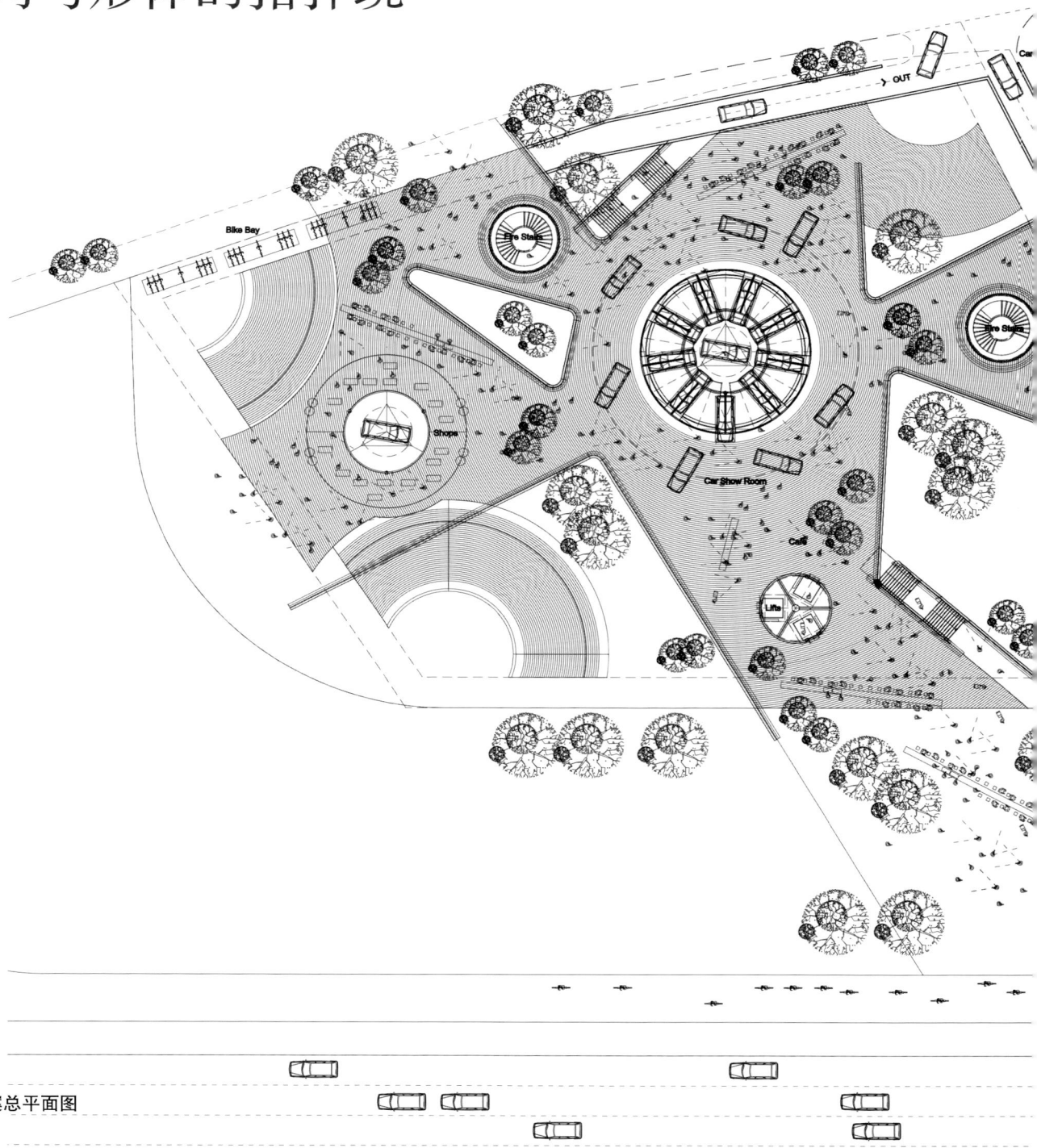

概念方案
空间与形体的拓扑统一

概念方案总平面图

蜻蜓·公园是钱投集团最重要的项目之一，因此在项目启动之初就得到了集团上下的高度重视，为此，集团专门成立了停车产业领导小组。2016年12月25日，小组第一次会议就明确提出，要将蜻蜓·公园打造成集团停车产业的地标型"旗舰店"。

2017年1月10日，项目获集团投资决策委员会、集团董事会决议通过，同意参与项目土地竞买；1月19日竞得项目土地使用权。

三天后，停车产业领导小组便召开第二次会议，决定由杭州市钱江新城建设开发有限公司（以下简称"开发公司"）负责蜻蜓·公园建设事宜，启动项目概念方案"国际征集活动"，邀请世界知名设计机构，高标准、高要求确定项目概念方案。

3月，开发公司完成了建筑方案概念性设计竞赛征集公告的发布，对8家综合实力比较强的境内外知名设计机构发放邀请函及征集文件。

5月，完成了停车楼国际概念性建筑方案评审，确定设计单位。

11月15日，集团停车项目建设专题会议再次明确提出：蜻蜓·公园作为集团停车产业旗舰项目，要按照各方面全球领先的要求，打造国内具有汽车文化创新意涵的一流停车项目。

在会议精神的指导下，绿色环保、高效节能并兼具未来科技感的蜻蜓·公园设计方案数易其稿后正式敲定。

该方案深刻地体察到，在机动车辆越来越环保，减少碳排放对城市越来越重要的今天，在杭州市CBD中心打造一方"停车绿洲"已是刚需。因此，他们力求运用先进的智能化停车技术，为车辆提供更为便利、高效的停车空间，同时为市民增加一方能与家人、朋友聚会，与商务伙伴畅谈的，更加健康、鼓舞人心的开敞空间。

蜻蜓·公园应运而生。

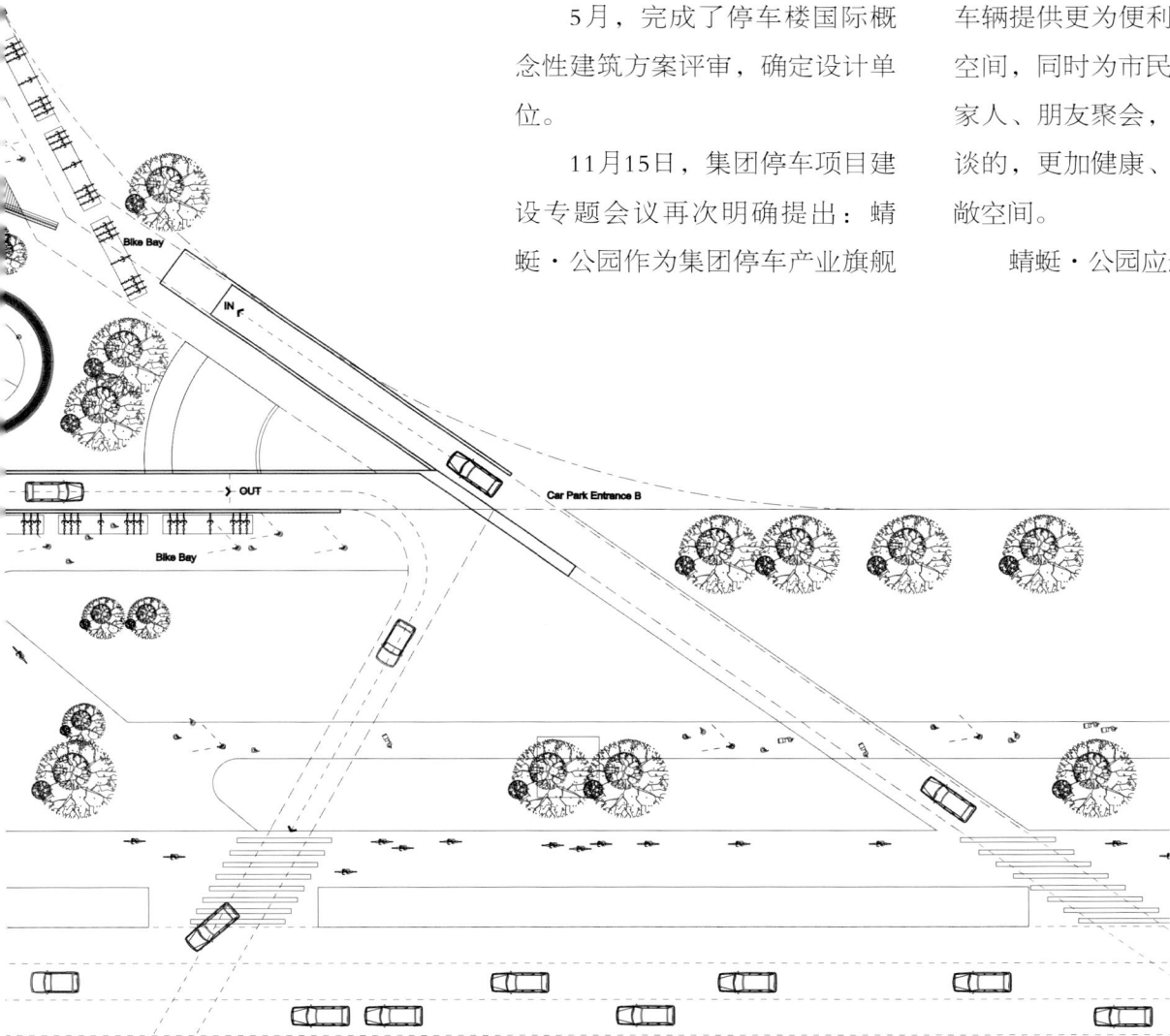

整个项目作为景观建筑，通过拓扑变形，延伸创造出新的空间。空间是内化的形体，形体是外化的空间。两者辩证统一共同构成建筑。建筑单塔的室外空间作为塔群的室内，内外空间的流动性创造出更加强烈的空间感受。

建筑物和周围的景观绿地建立起了紧密的物理联系。景观绿地作为城市结构的一部分，延伸进建筑，上升为包围着同样公共的内外空间，并定义了一系列活动空间。作为具有多种功能的景观建筑，引导不同目的人群进入不同的层次空间。这种设计的运用，使建筑物模糊了建筑对象和城市景观、建筑物围护结构和城市广场以及人物和地面之间的常规区别。这使建筑呈现出一种极度个性化，流动、自由、非匀质的非线性化形态。

建筑与地面、景观三者做到了相互融合，重塑了建筑与地面的关系，重新解释了建筑与景观的关系。建筑由此变成一种"环境的建筑"，屋顶重构了建筑的尺度，建筑体量不再是视觉的焦点，取而代之的是建筑与环境所共同构成的复合体。在较深层次上模糊自然与人工环境的边界。

这栋建筑体现出的最大化内部和外部的观赏潜力，成为社交互动的媒介，也将人与自然的设计原则联系起来，为城市注入了活力。

花瓣形的柔美曲线正反叠放，交割出富有想象力的图案，经过适度的变形，于是形成了最

初的概念——树的雨棚。这是对生态环保理念的宣誓，也是向未来智能时代的招手。

巨大的弧形空间，仿似隧道，穿越现在，直达未来。面向现在，它们是郁郁葱葱的森林意象，生态环保的理念与当代人的流行观念进行连接；面向未来，它们是用智能技术点亮的科技之树，承载着未来青年的梦想。

蜻蜓·公园有丰富的自然通风和采光，极大地减少了维持建筑温度的能耗，能够采集阳光并

储存雨水用来灌溉及清洁建筑，其半开放的特质可以在建筑空间内营造温度与自然通风的完美平衡，形成高科技与天堂花园并存的"停车绿洲"。

当不同年龄段的人共同走进蜻蜓·公园，他们都能从中寻找到情感的连接点，从而获得身心的自在愉悦。在停车转换区，没有了停车时的心惊胆战，点一杯咖啡，慢慢欣赏机器人的精准停车；在一层广场，没有了车辆进出的叨扰，可以悠闲地徜徉于广

场与建筑之间；在顶楼，绿树草坪相伴，让你在更加开阔的视野里感受城市CBD的匆忙，静享此刻的悠闲，更加深刻地体会到"绿洲"的惬意。

效果图2-2

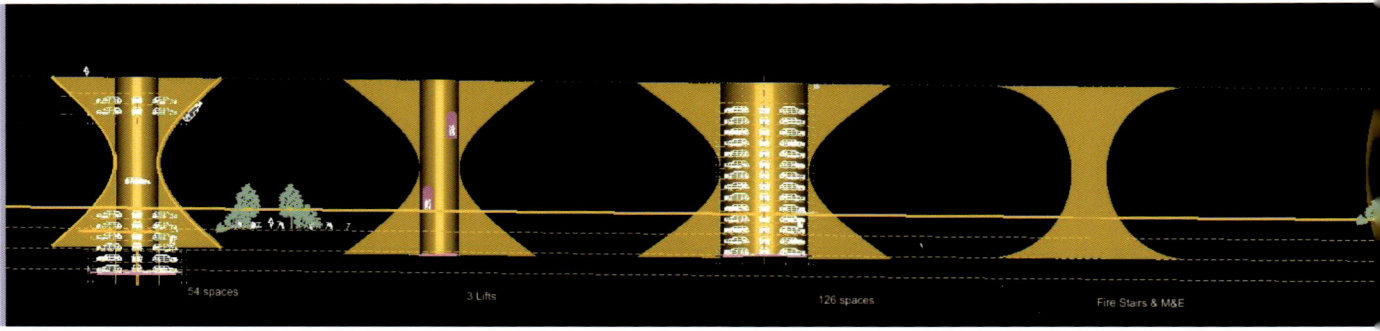

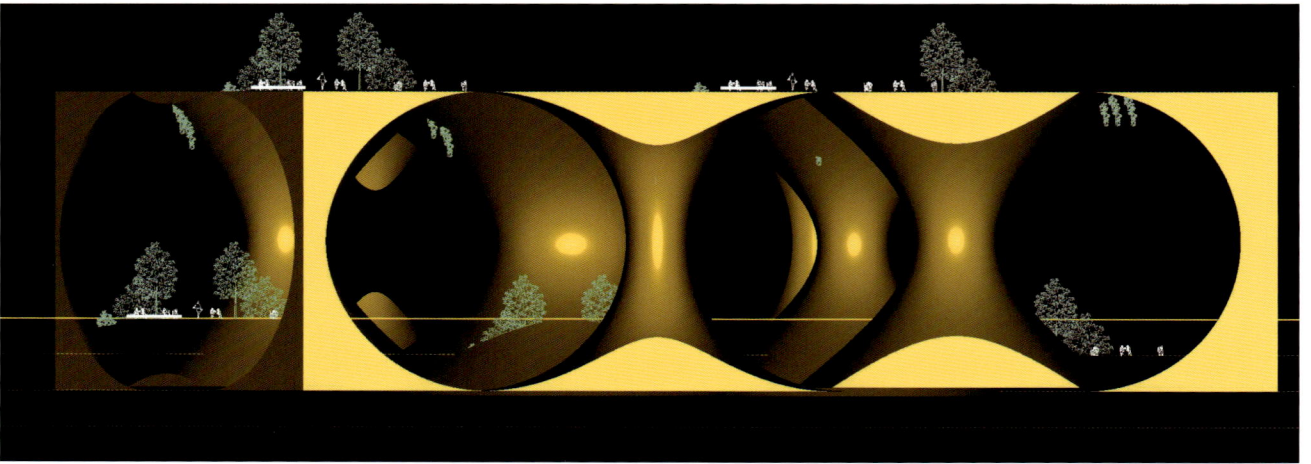

概念模型2-2

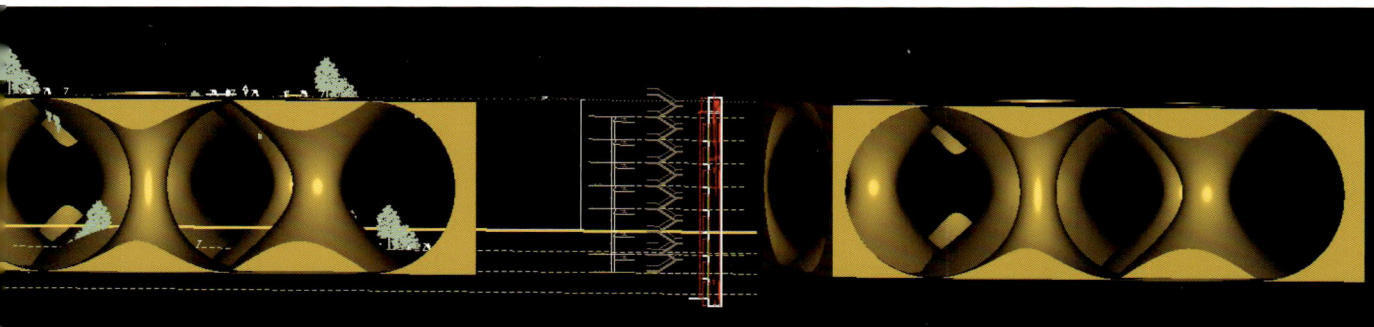

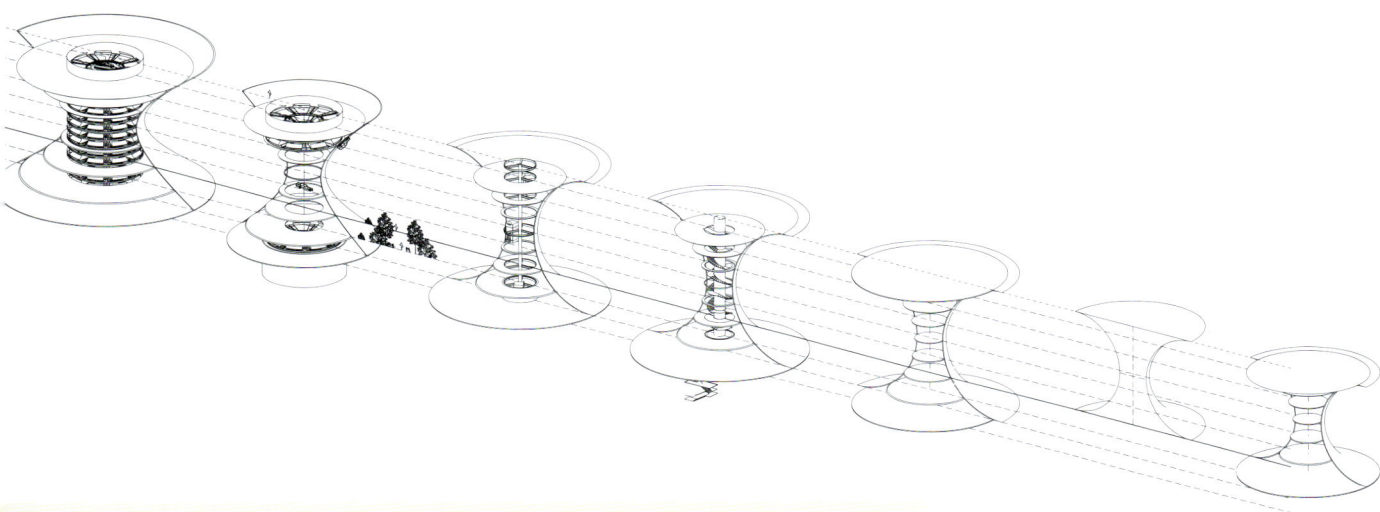

　　为了这一刻的完美，设计单位对"树"的结构进行了反复的研究，对每棵树的排列进行了无数次的组合，于是便有了精妙的内部结构与精美的外观，成就了花与森林的共同想象。

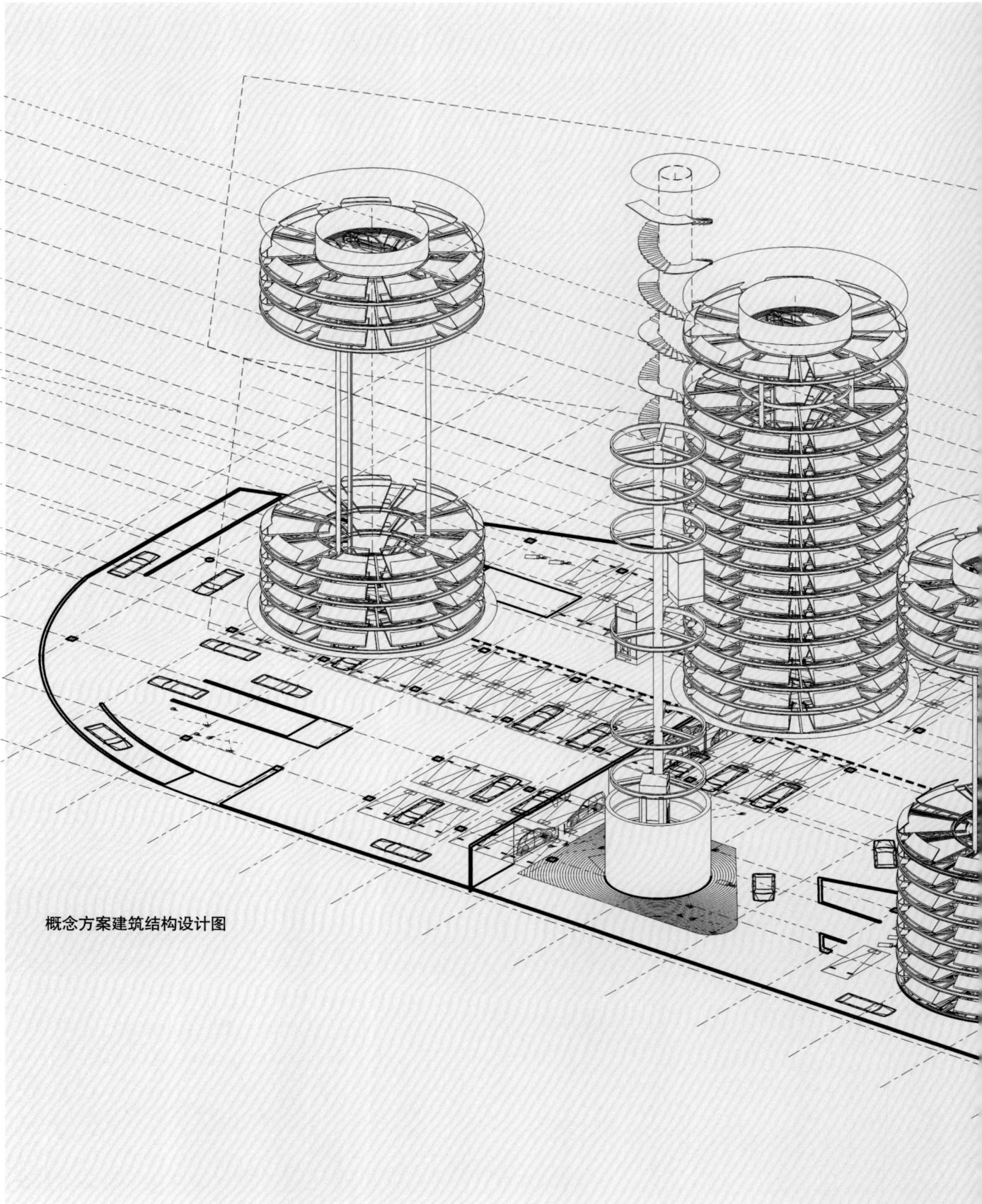

概念方案建筑结构设计图

在智能停车机械部分，设计单位进行了缜密的计算，让其发挥最大效能的同时，能够与建筑进行完美地融合，500辆车的巨大容量，24955m²的巨大面积，完美地隐藏于一座用地仅6122.18m²的微型立体花园之中。

在隐与显之间，人与车各得其所，停车与商业互不相扰，绿色环保与科技智能并行不悖。

蜻蜓·公园，打破人们对停车场概念认知的"第四堵墙"，通过公共空间与建筑空间的无感过渡，在城市中心构建起一个丝滑的无界空间。

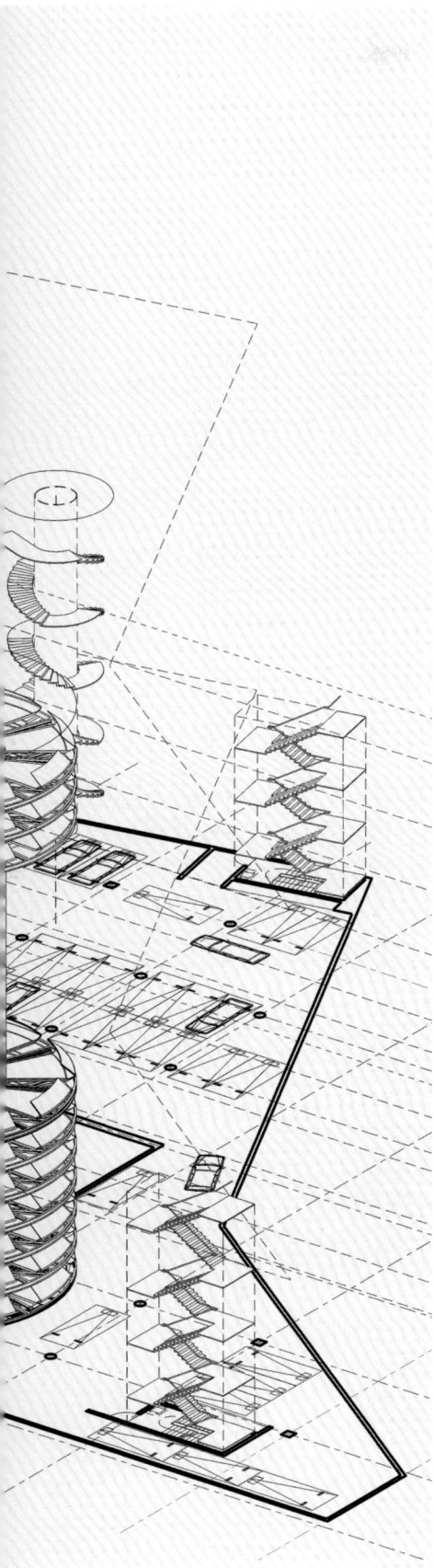

扩初方案
让理念落地

从概念到落地，在执行设计初衷的基础上，更周密地考虑项目地周边的环境、交通、建筑、商业、公共设施等分布特点，并根据实际需求，进行了适当调整，让概念方案真正落地开花。

三新家园

欧亚达家

中豪大酒店

新城市广场

东方家私市场

太平门直街

绿萍小区

月季公寓

采荷小

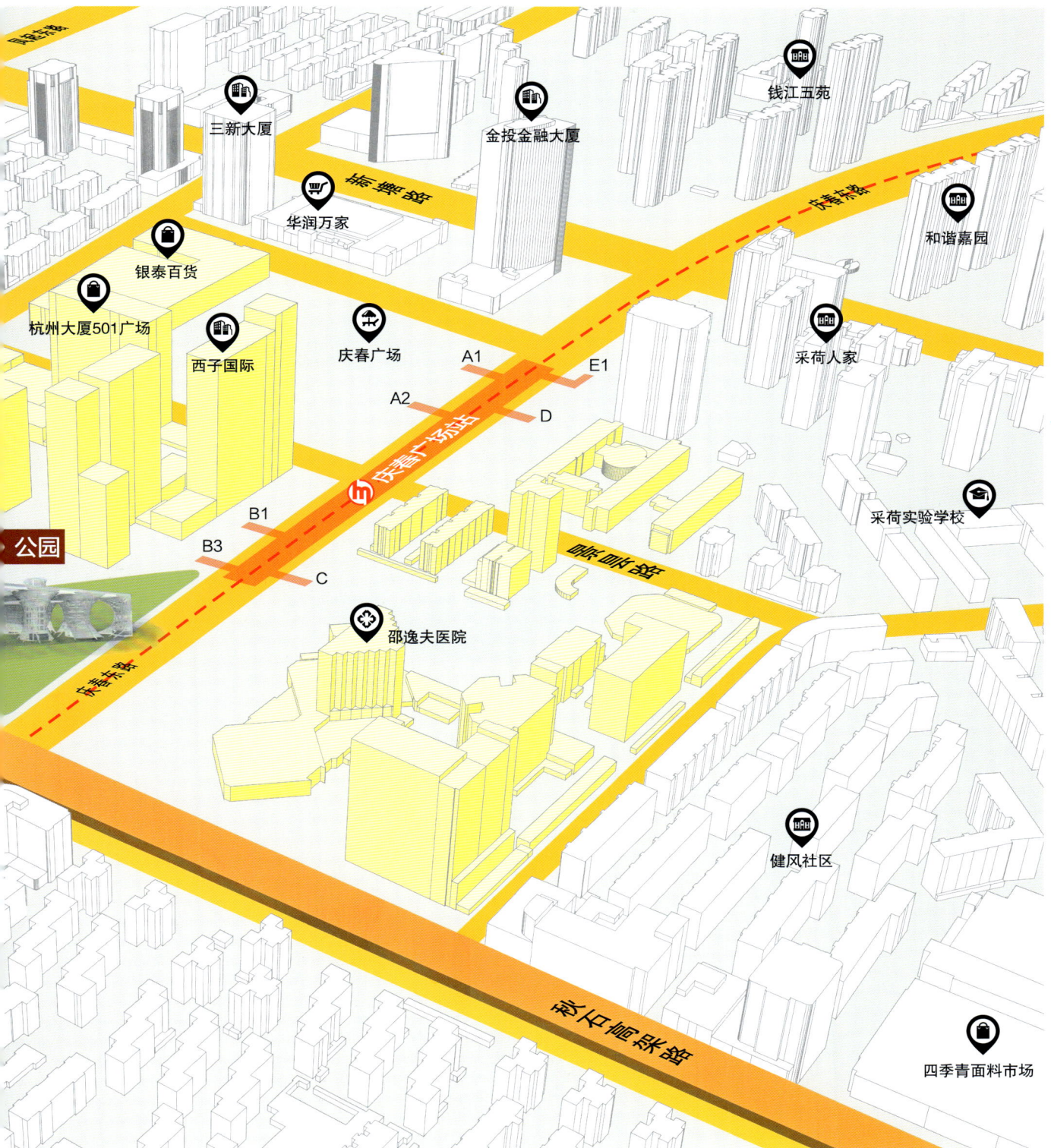

三新大厦

钱江五苑

金投金融大厦

华润万家

和谐嘉园

银泰百货

采荷人家

杭州大厦501广场

西子国际

庆春广场

A1

E1

A2

D

采荷实验学校

庆春广场站

公园

B1

B3

C

邵逸夫医院

健风社区

四季青面料市场

总平面图

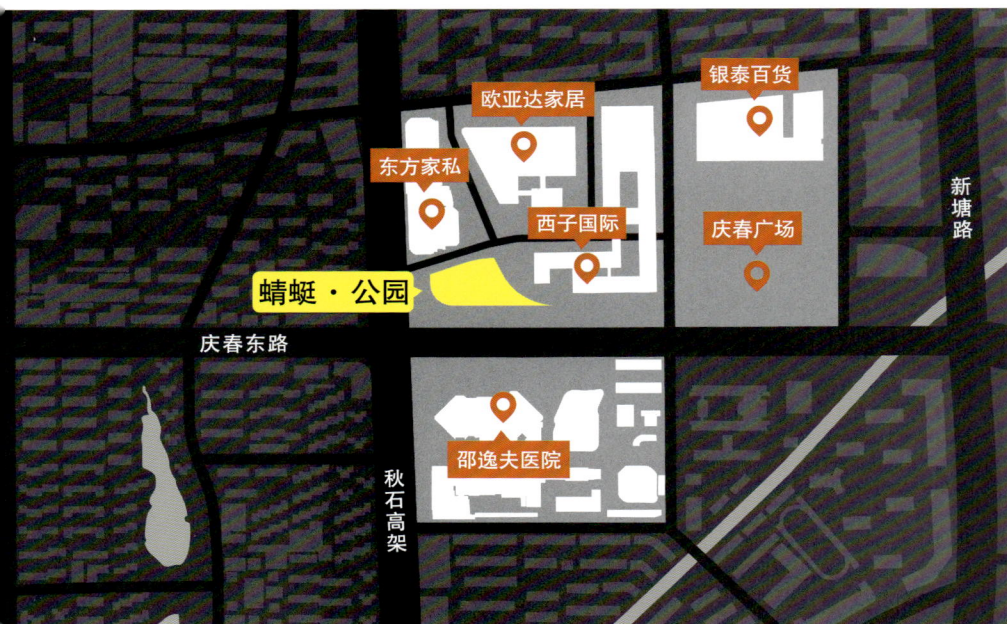

周边分析
周边是邵逸夫医院、西子国际、欧亚达家居、银泰百货等商业地块。

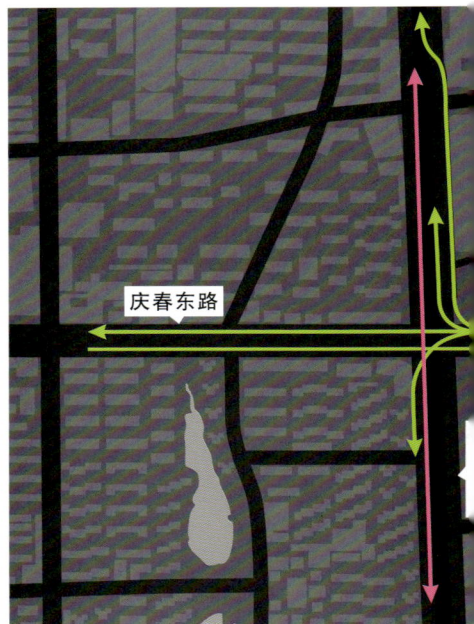

车行流线分析
南侧为城区东西向交通要道庆春东路，东侧

项目周边主要为区级政府行政办公楼、大型综合医院、综合商业、写字楼和住宅等，物业密集度高，人流车流量大。邻近的秋涛路及庆春东路均为主干道，秋涛路上方的秋石高架为南北向快速路，庆春东路南延至庆春路过江隧道，上下班高峰期车流量很大。

根据实际情况，落地方确立了三项设计原则：

（1）无感过渡

蜻蜓·公园底部开放空间为城市公园广场，是城市开放空间的延续，与四周建筑道路形成完整的开敞空间，实现公共空间与建筑的无感过渡。为达到这样的

效果，车行区域限制在停车出入口，其他入口则作为人流入口，引导人们进入广场。

（2）流动线条

蜻蜓·公园的屋顶犹如"树的雨棚"，棚顶有高空娱乐休闲设施空间与屋顶花园，棚下则可以遮阳和避雨。为了实现上述目标，设计过程中注重流动线条，让整座建筑柔顺流畅，并利于通风与日照，达到良好的生态效应。

（3）吸引人流

人是建筑流动的血液。蜻蜓·公园在一层公园广场局部设置小广场、交通、景观小品或活动设施、便民设施，当"人车分

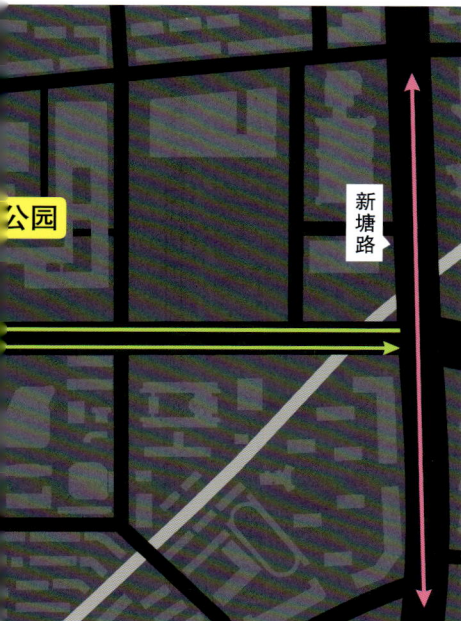

公园
新塘路

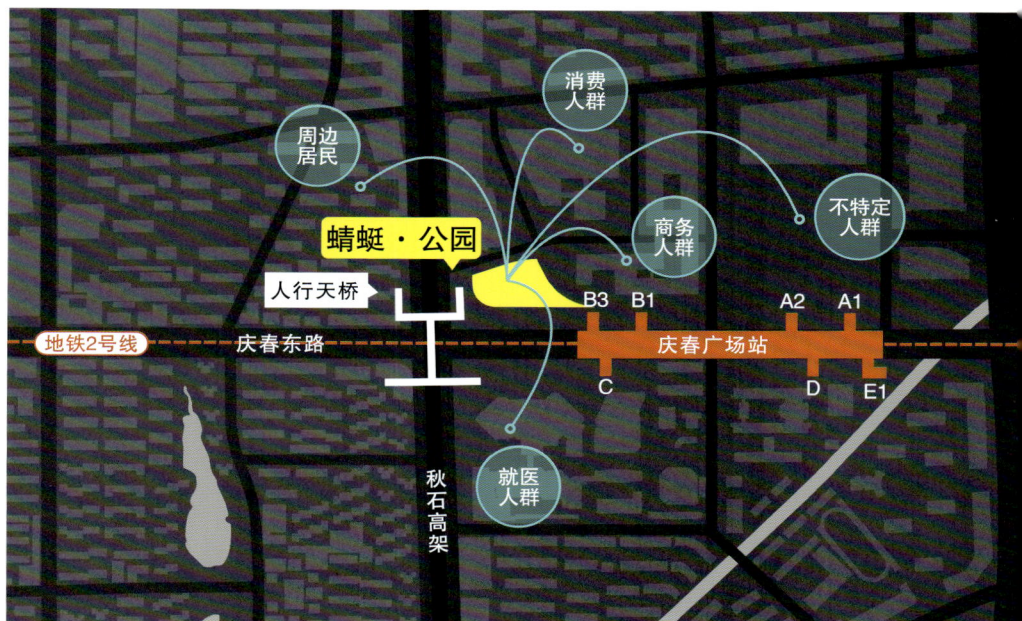

消费人群
周边居民
蜻蜓·公园
商务人群
不特定人群
人行天桥
B3 B1 A2 A1
地铁2号线 庆春东路 庆春广场站
C D E1
秋石高架
就医人群

人行流线分析
东侧为地铁2号线出入口，西侧为秋石高架和庆春路人行天桥。

干道秋石高架。

流"之后，人们便可使用这些设施，这样可以提高空间的活力，拉近人与城市之间的关系，增加停车楼的亲切感。

在此基础上，针对方便后期运营管理，设计单位对整体设计进行了适当调整，如适当增加了管理用房、储藏室，修改了屋面采光顶造型、绿化分布形态、外墙材料等。

在设计落地过程中，由于蜻蜓·公园空间造型独特，由10幢空间双曲面的沙漏形塔库构成，通过空间剪裁，将造型与结构、设备、停车方式深度结合。因此对二维技术图纸提出了艰巨的设计表达要求，设计师每次取图只

能通过3D导入。

为了使技术图纸能准确表达设计意图，使项目完美落地实施，他们在技术图纸上采用BIM（建筑信息模型）辅助技术，在立面饰面造型上，采用Rhino（非线性建模软件）建模、支模，通过这两个三维软件来实现本项目多空间、多角度的造型设计需求。

经过扩初深化，蜻蜓·公园从概念走进现实，从纸上落到地上，更加契合了项目本身的需求，也为项目的顺利建造打下了坚实的基础。

蜻蜓·公园，这片"停车绿洲"开始在庆春路上生根发芽。

东北透视图

西北透视图

东南透视图

建筑材料
反复比选

根据概念方案中对蜻蜓·公园外墙表皮材料的设想，概念设计方希望以贝母效果呈现，采用半透明材料，达到轻盈、通透的设计目的。缘此构想，深化设计单位考察了半透明围护材料——聚碳酸酯，但在后续的技术交流过程中，发现其为可燃材料，无法达到车库防火要求，且长期暴露于外会发黄变色，容易磨损，只适用于局部装饰。同时发现，过于透明的表皮会将建筑中的骨架暴露出来，难以实现轻盈的效果。

鉴于此，设计单位转换思路，朝着虚实共存的方向努力。虚，即是保留建筑整体的通透感，但不能体现出工业烟囱的敦实厚重之感；实，则是保证骨架通透的前提下，将大部分遮挡起来。为此，设计单位在保留外饰面层层双曲面圆弧片堆叠状态的基础上，利用非透明材料的实与层层弧片之间空隙的虚，达到虚实结合、轻盈通透的目的。

基于此目的，深化设计单位考察论证了不锈钢（钢管）、铝板、GRC（玻璃纤维增强混凝土）、UHPC（超高性能混凝土）四种材料后，初步确定了

几何造型

流动曲线

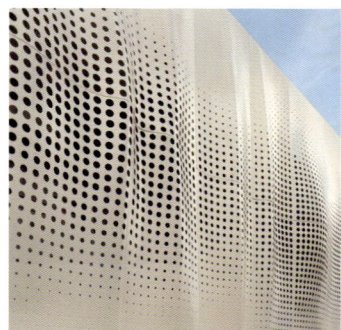
轻盈材质

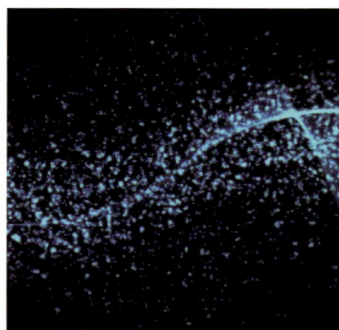
未来智能

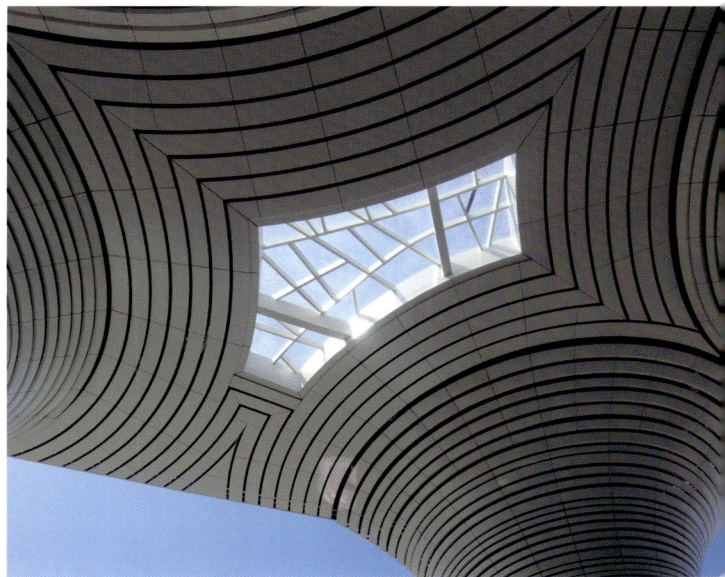

实景图2-2

UHPC方案。但在后续深化过程中发现，该材料在国内没有明确的质检规范，且材料工艺也难以达到项目设计要求，于是最终被放弃。

后经专家、厂商研讨论证，最终改选烤瓷铝板来作为主外饰面。通过样品考察，烤瓷铝板无论从表现效果、制作工艺、验收标准、施工效率上都能满足本项目的要求。

色彩控制
传统宋韵与现代时尚的平衡

杭州是典型的江南水乡，曾经，黛瓦白墙，依水而居，与西湖山水一起构成淡雅、素净的色调，传统水墨意象浓郁。进入21世纪后，钱江新城高楼林立，大气开放，色调既与古城衔接，以水墨意象为主，又呼应现代时尚，沿江形成冷暖明暗的序列演变。"水墨淡彩"成为杭州城市色彩的主基调。

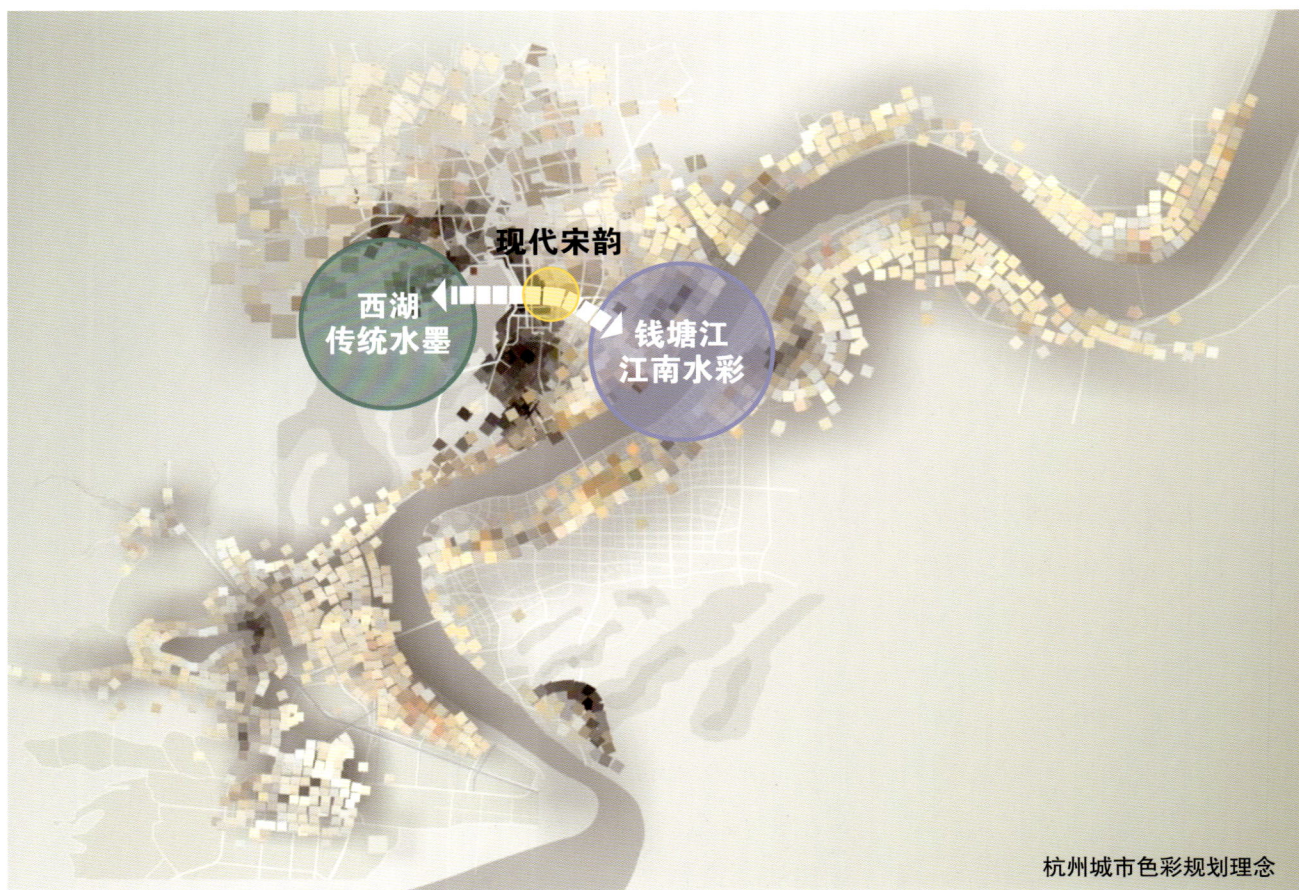

西湖
传统水墨

现代宋韵

钱塘江
江南水彩

杭州城市色彩规划理念

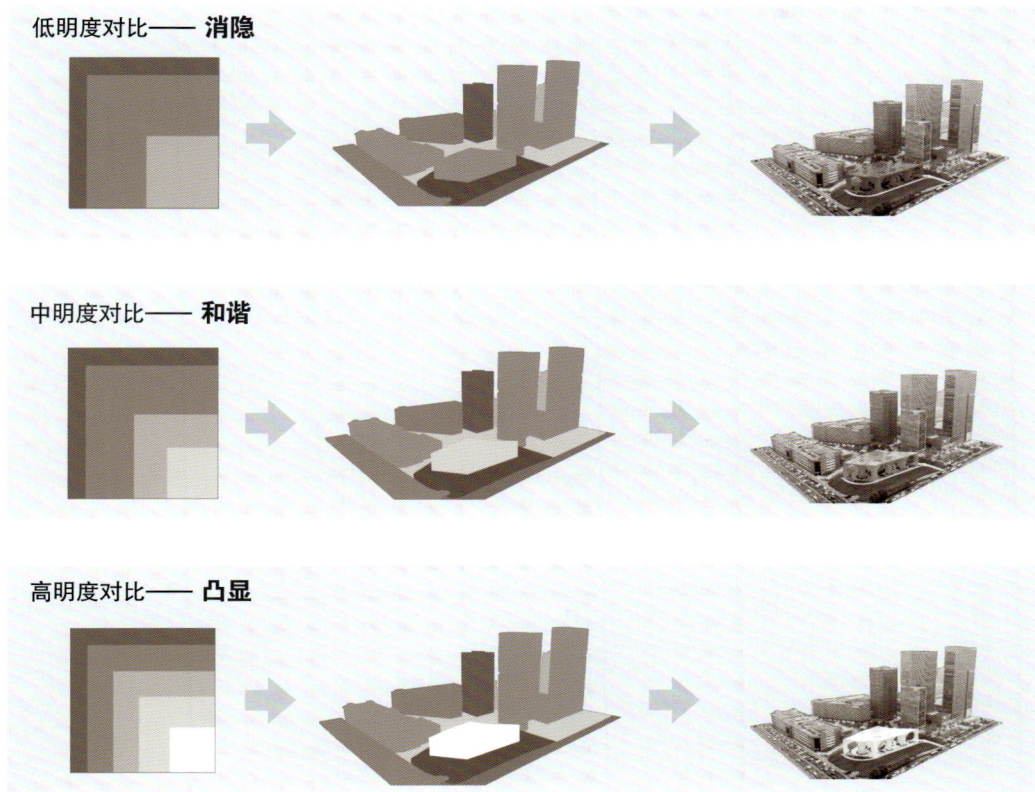

低明度对比—— **消隐**

中明度对比—— **和谐**

高明度对比—— **凸显**

低明度建筑消隐在周边环境中，与周边环境相融合；中明度建筑与周边环境色彩相互协调不突兀；高明度建筑在空间中醒目明确，起到凸显点缀作用。

蜻蜓·公园总体以高明度基调为主，与周边形成适当的对比，凸显建筑的地标性。

蜻蜓·公园介于杭州古城和新城之间，既要与古城的西湖传统水墨呼应，又要与新城江南水彩协调，还要在周边环境中凸显，起到停车引导功能。经过多方协商，确定了一组带有宋韵文化特征青瓷韵味的色彩。该组颜色由低艳度高明度的微绿色调和高明度的玉白色组成，色彩总体布局上白下绿，结合建筑本身丰富的光影关系和冷暖变化，形成色彩明亮、浑然一体的色彩氛围。

明亮的色彩与周边深色幕墙形成适度对比，凸显项目本身，并与邵逸夫医院的色彩形成和而不同、相辅相成、相得益彰的呼应关系，共同形成区域的色彩门户关系。

蜻蜓·公园的色彩设计，通过具有未来感的建筑形态弘扬了传承千年的宋韵文化、青瓷文化，赋予传统色彩以新生；通过丰富的光影与冷暖变化，呈现了具有艺术品位、亲近自然、沟通舒适的自在空间。

效果图2-4

结构设计
变异型为有型

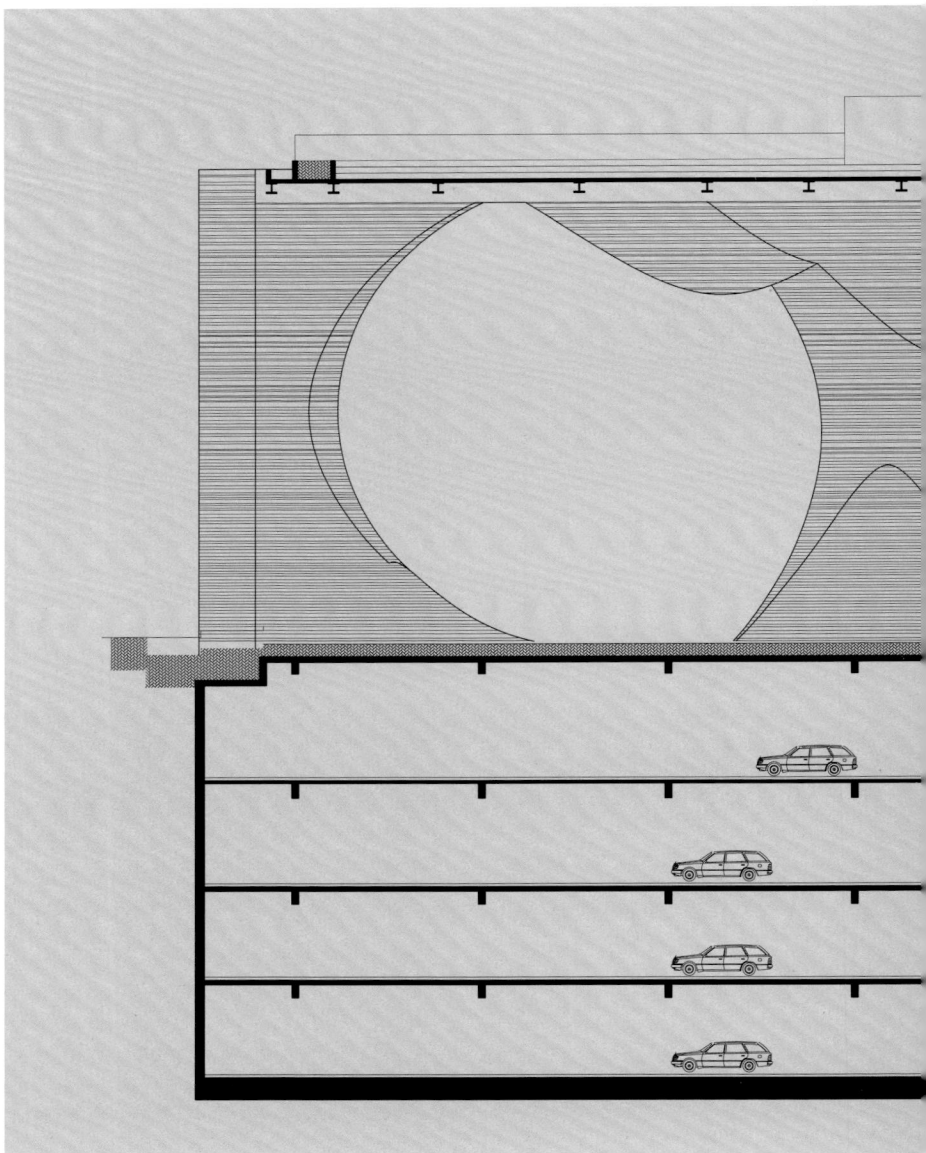

蜻蜓·公园地上为钢结构，地下为混凝土结构。结构安全等级为二级，结构设计使用年限为50年，建筑耐火等级为一级，抗震设防烈度为7度，地上钢框架抗震等级为四级。由于建筑本身为不规则的异型结构，因此在结构设计中面临诸多挑战。为了达到上述要求，蜻蜓·公园在结构设计上亦进行了诸多有益探索。

在结构体系和结构布置上，地上10个塔楼，4个角塔采用钢框架-中心支撑体系，中间6个塔采用钢框架体系。在17m标高有6个塔楼通过连廊连为一体，在22m标高10个塔楼通过150厚屋面

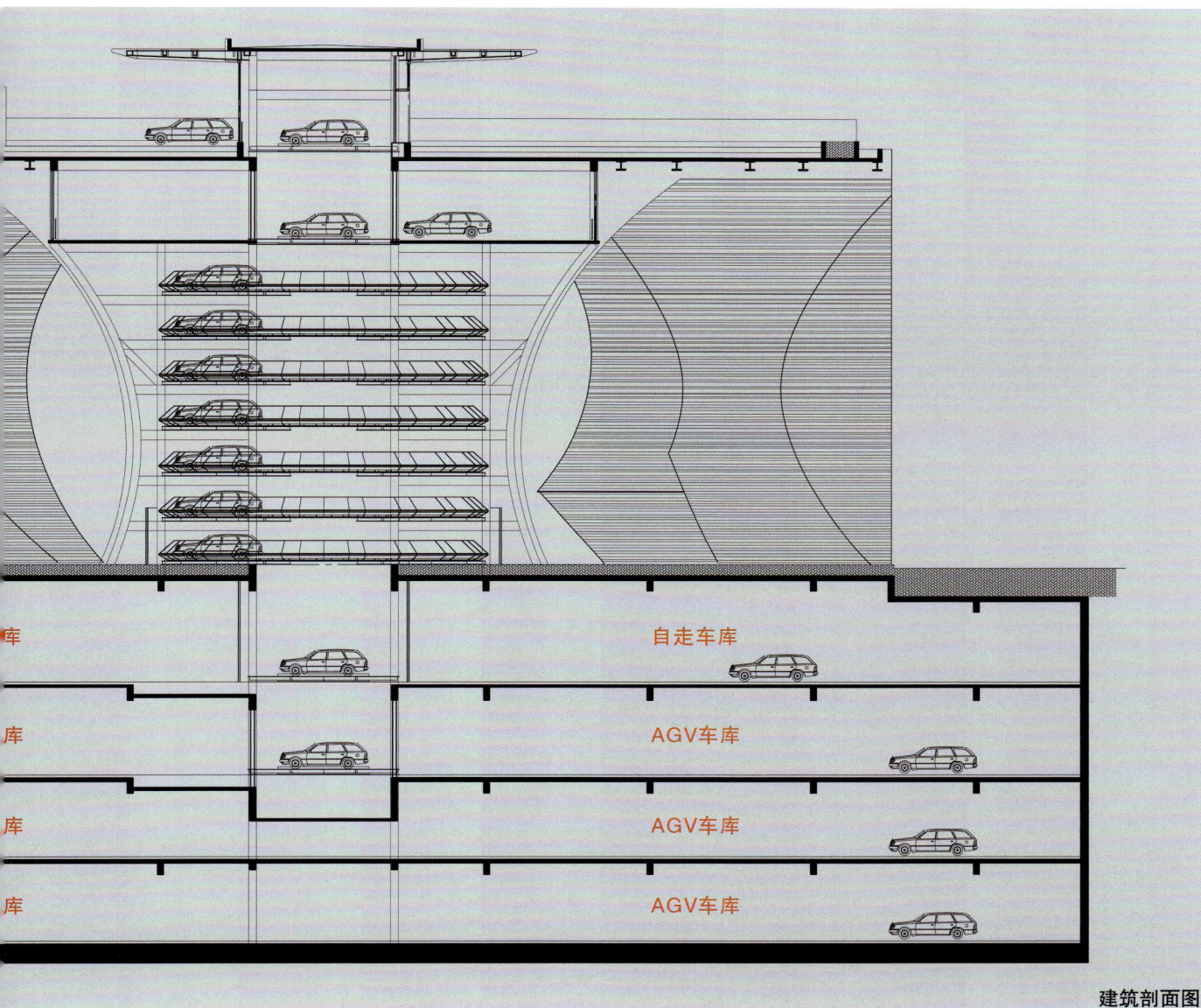

自走车库

AGV车库

AGV车库

AGV车库

建筑剖面图

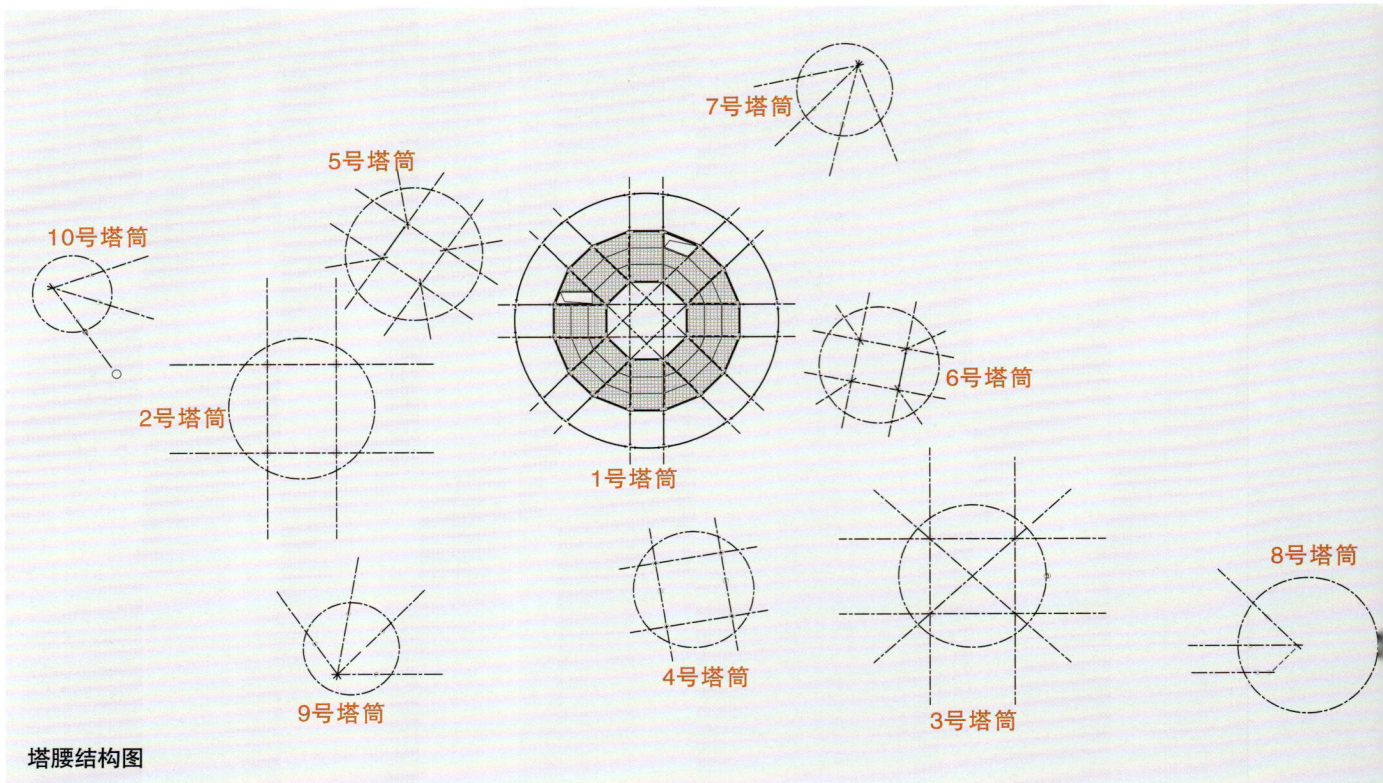

10号塔筒

5号塔筒

7号塔筒

2号塔筒

6号塔筒

1号塔筒

9号塔筒

4号塔筒

3号塔筒

8号塔筒

塔腰结构图

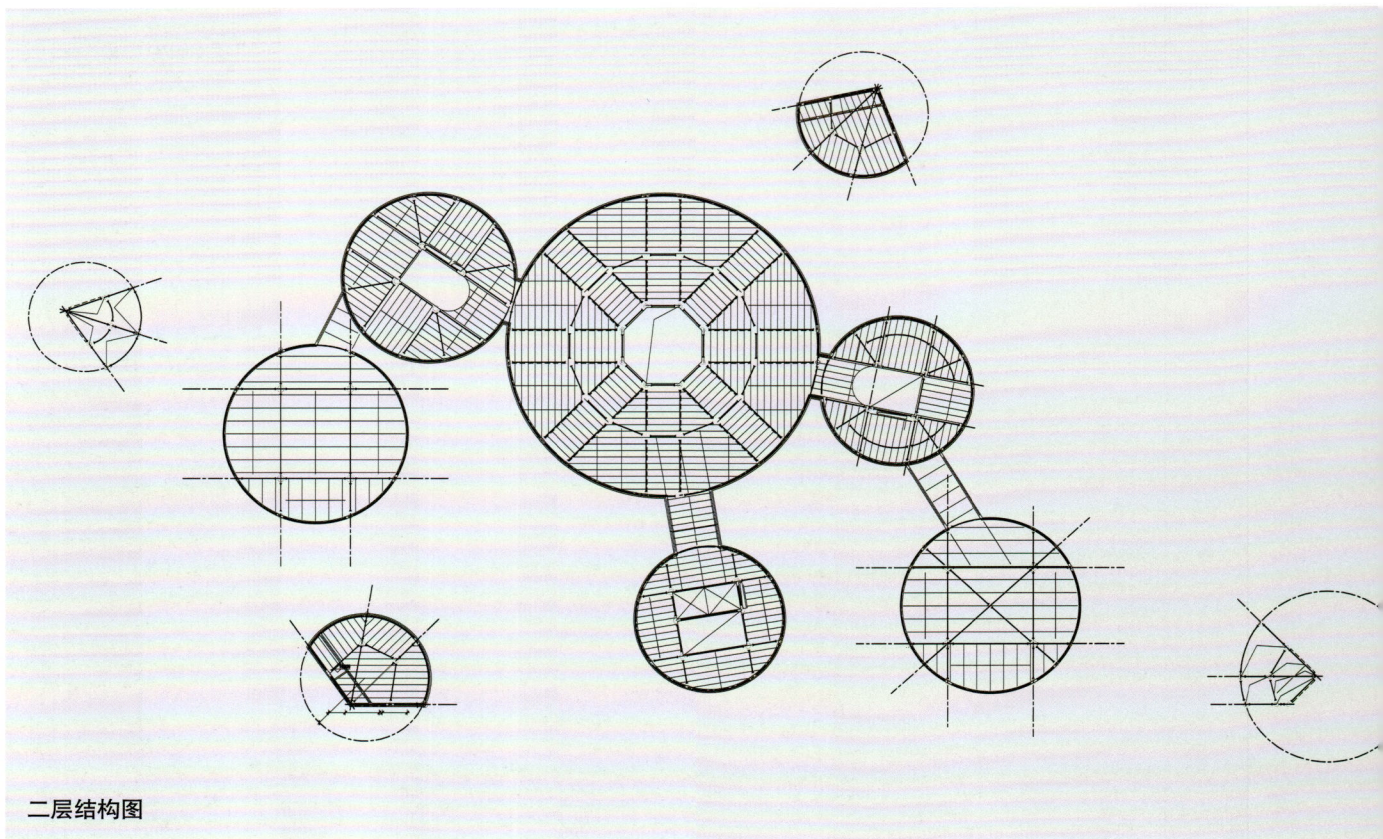

二层结构图

板连为一体。塔楼间的屋面支承于塔楼中部伸出的斜撑上，4个角塔设置了交叉型中心支撑。上部结构嵌固端为地下室顶板，大部分塔楼柱落至基础。

在主体结构设计上，由于建筑造型复杂，10个塔楼的层高不相同，存在高位连体。连体屋面处建筑面层较厚，下部塔楼处楼板较少，存在竖向质量分布不均匀等情况。在支撑屋面的斜撑与框架柱相交处为建筑的薄弱部位。为此，设计单位进行了多软件多模型的分析，完成了包络设计，合理定义了楼层的施工顺序与构件间的施工顺序，在抗震关键构件处重点加强，并增设拉杆以平衡节点处受力。

在基坑支护与地下室设计上，由于建筑南部距离地铁二号线隧道仅37.6m，是基坑开挖的重大风险源，于是便选择采用地下连续墙作为基坑开挖的挡土结构和防渗帷幕，兼做地下室的永久外墙，即"两墙合一"方案，并通过加强地连墙连接节点变形监测以保证安全。

通过设计理念与方法的创新探索，落地方克服了诸多结构上的困难，将概念方的"纸上起高楼"转化为真正的"平地起高楼"，让这一独特的建筑造型成为现实。

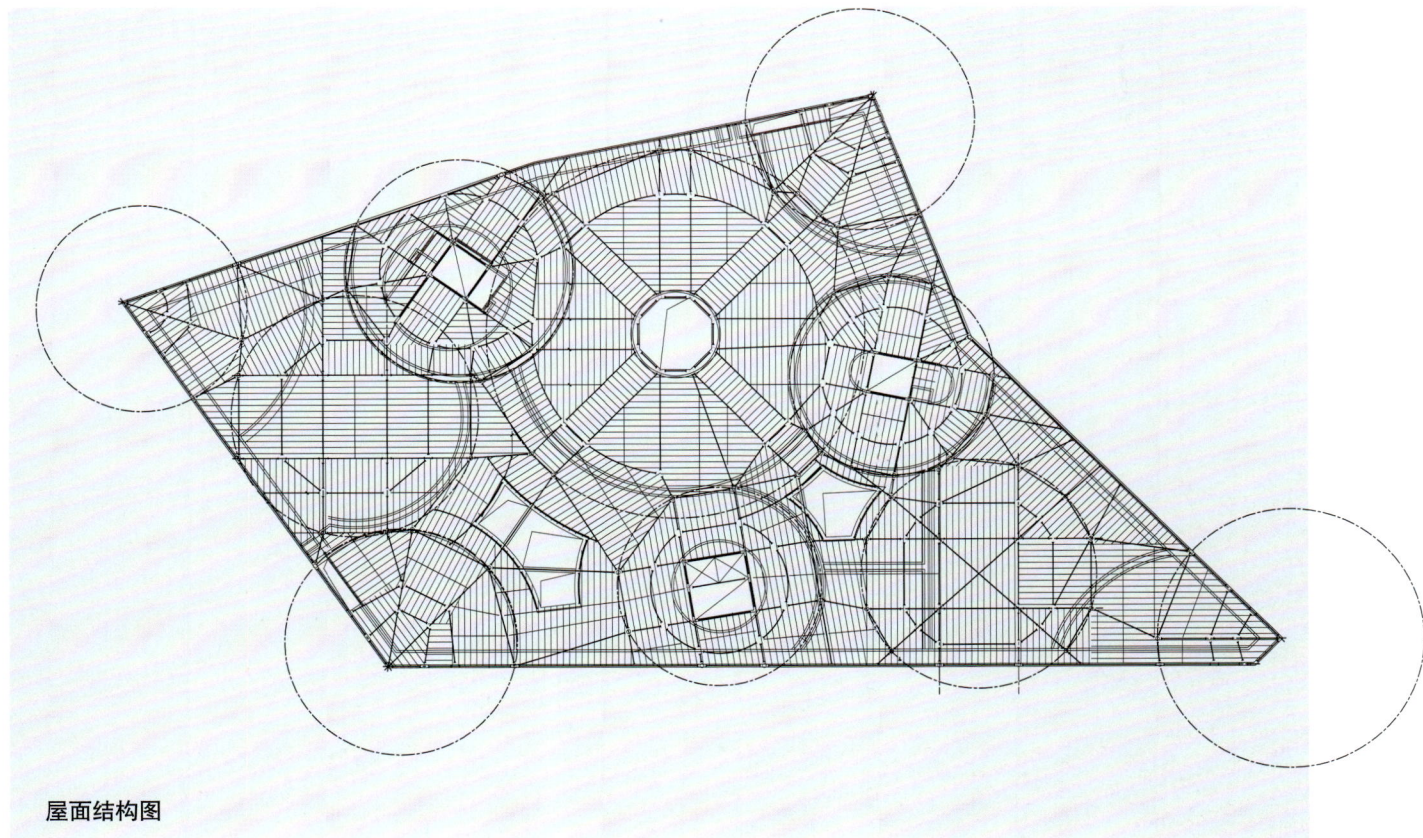

屋面结构图

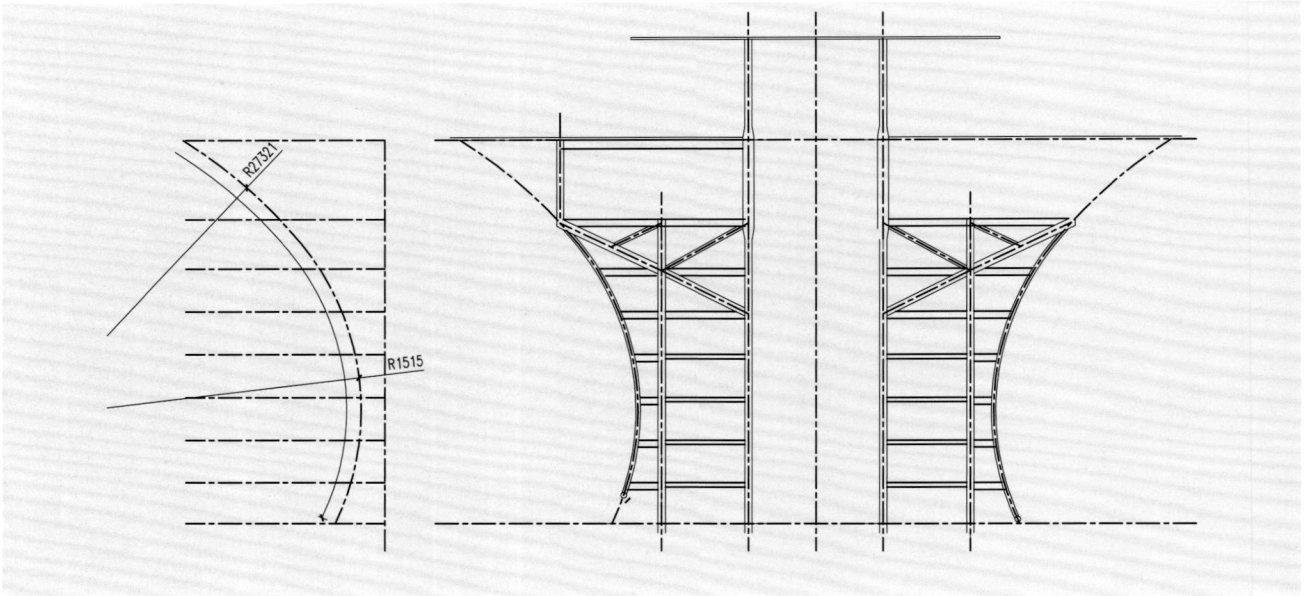

1号塔剖面

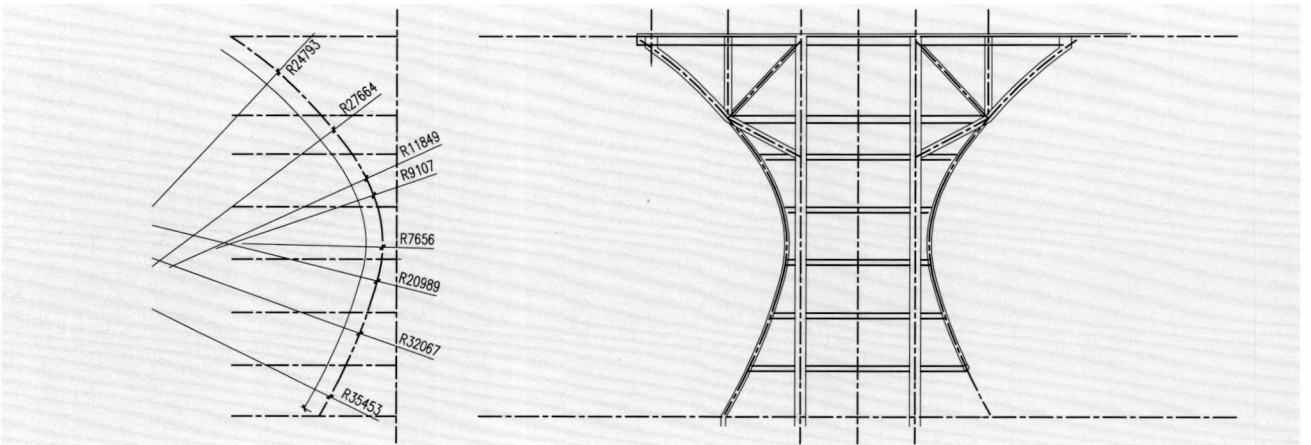

2号塔剖面

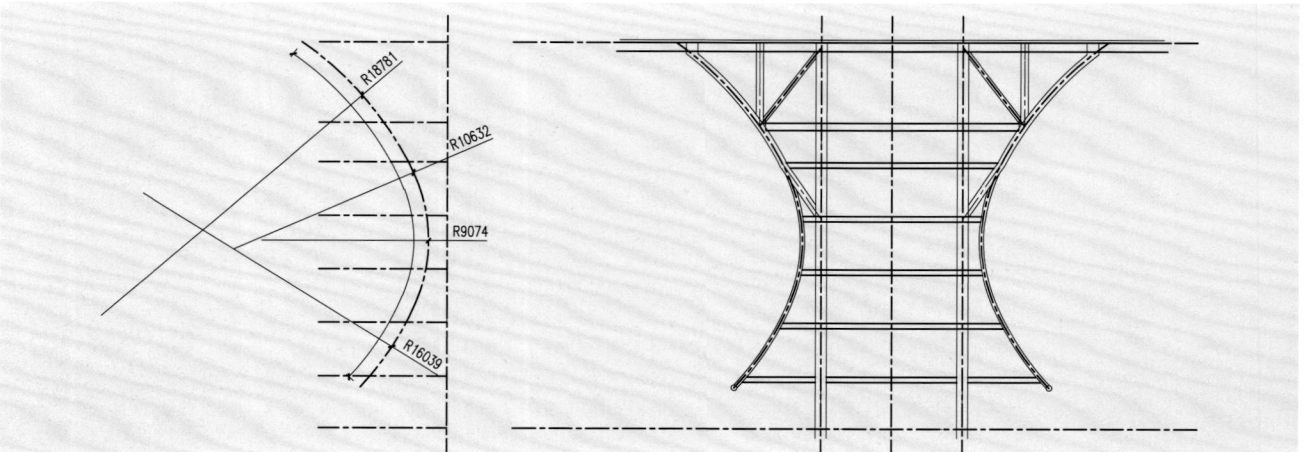

3号塔剖面

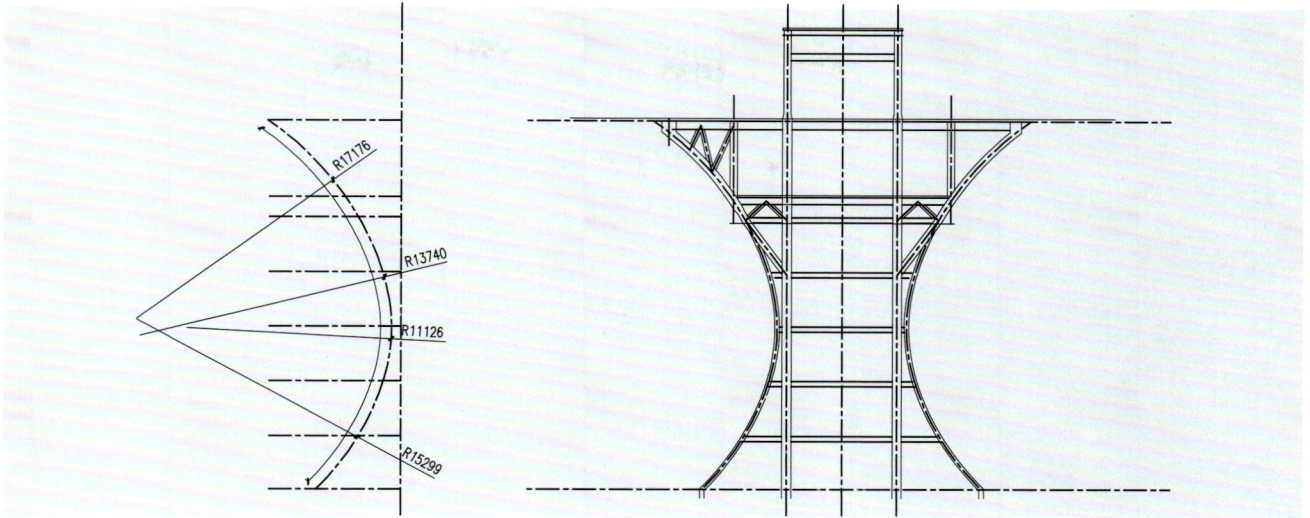

4号塔剖面

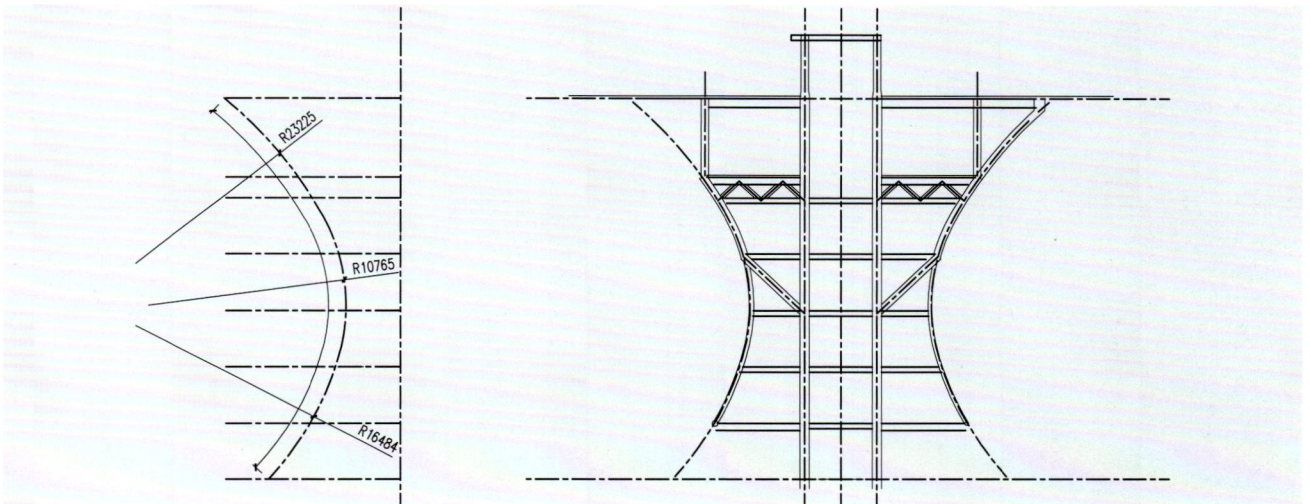

5号塔剖面

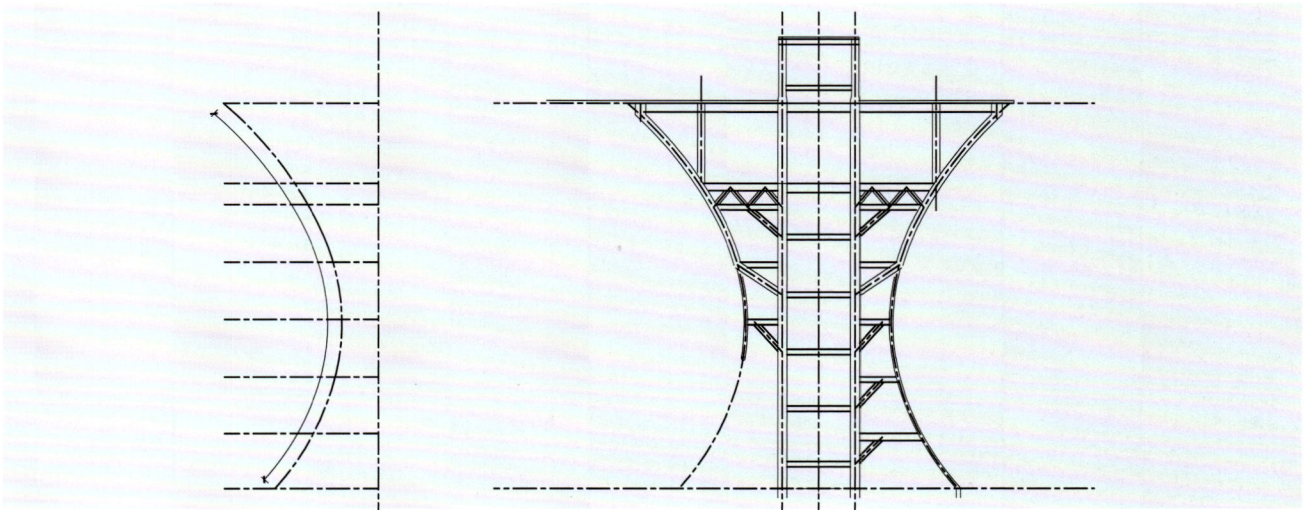

6号塔剖面

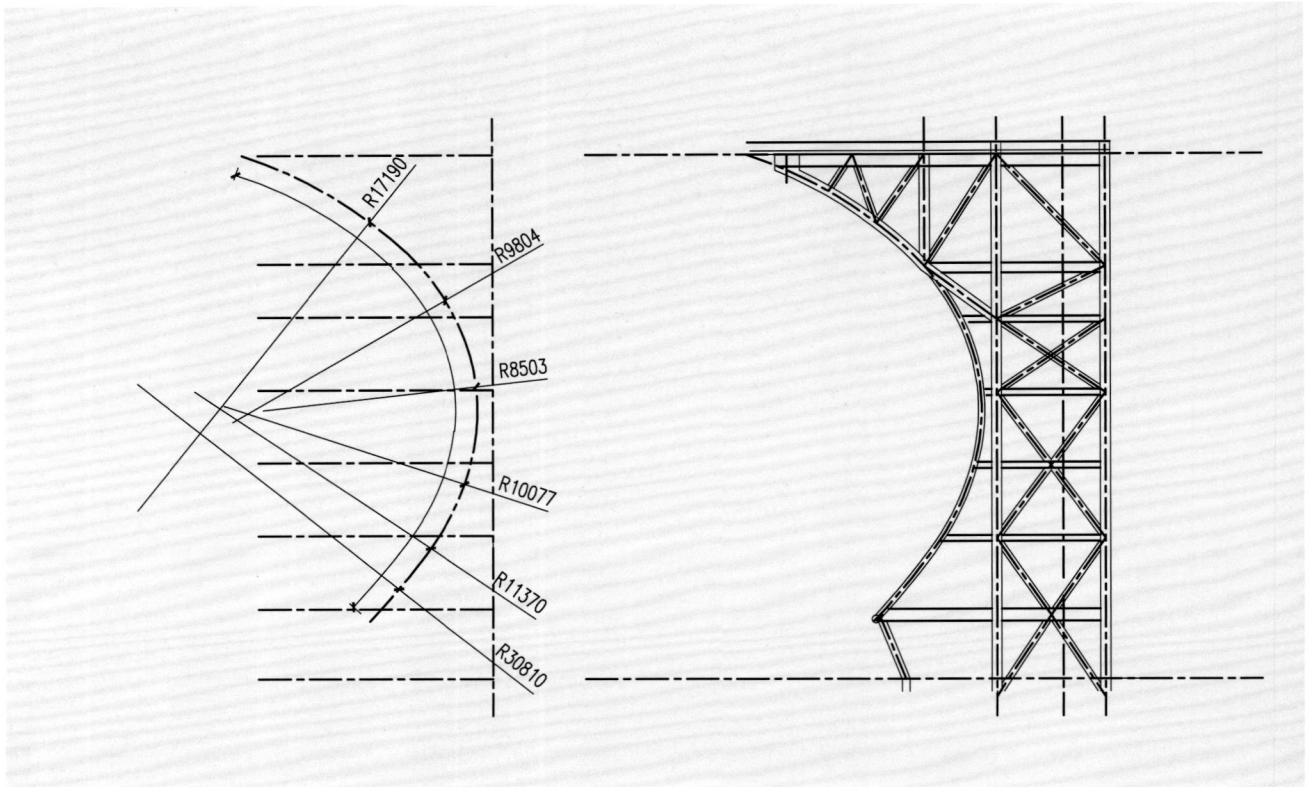

7号塔剖面

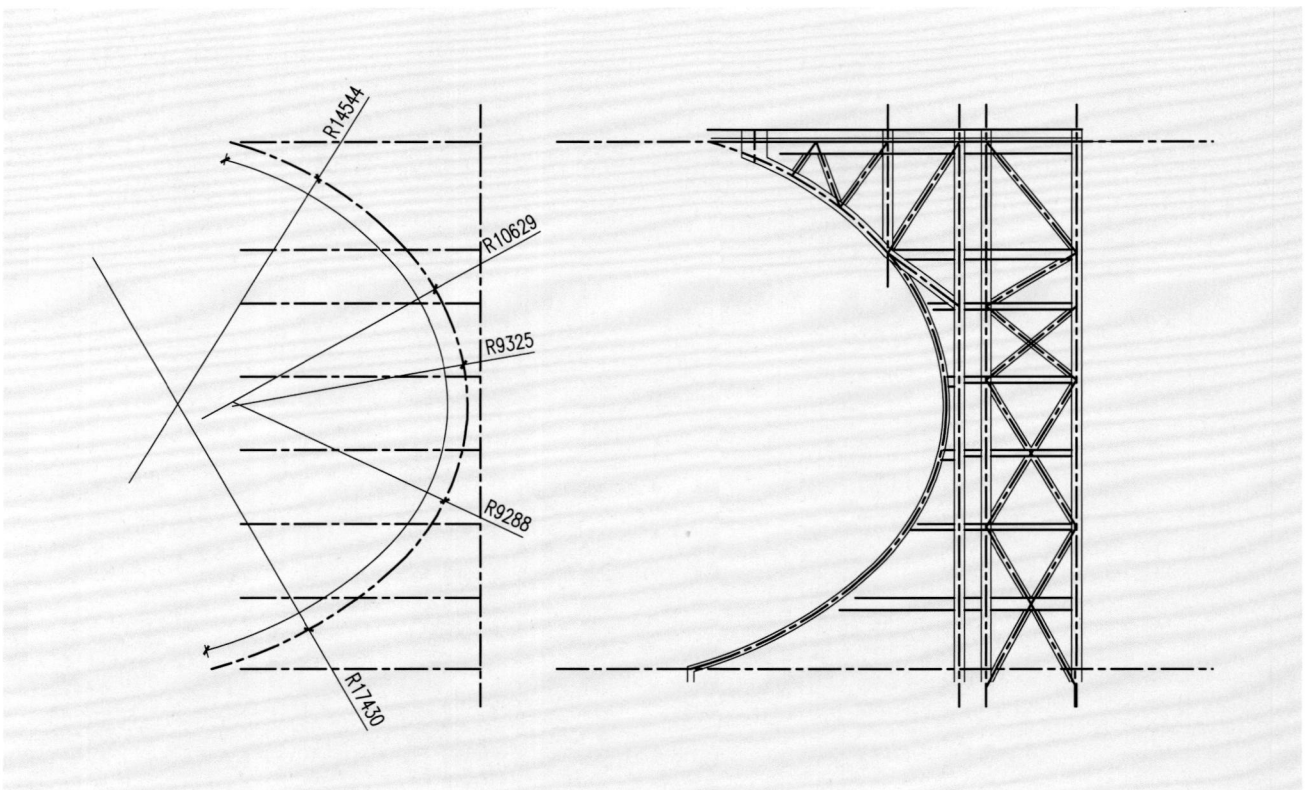

8号塔剖面

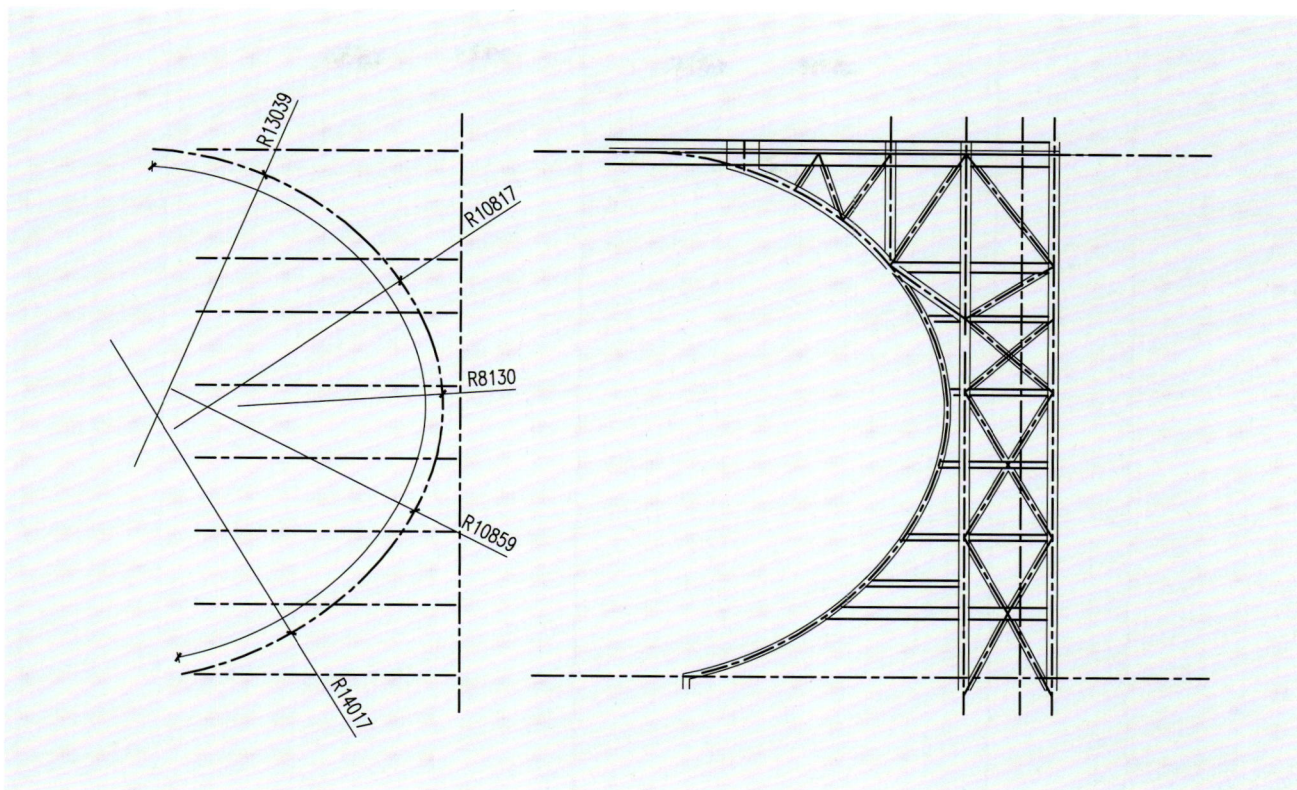

9号塔剖面

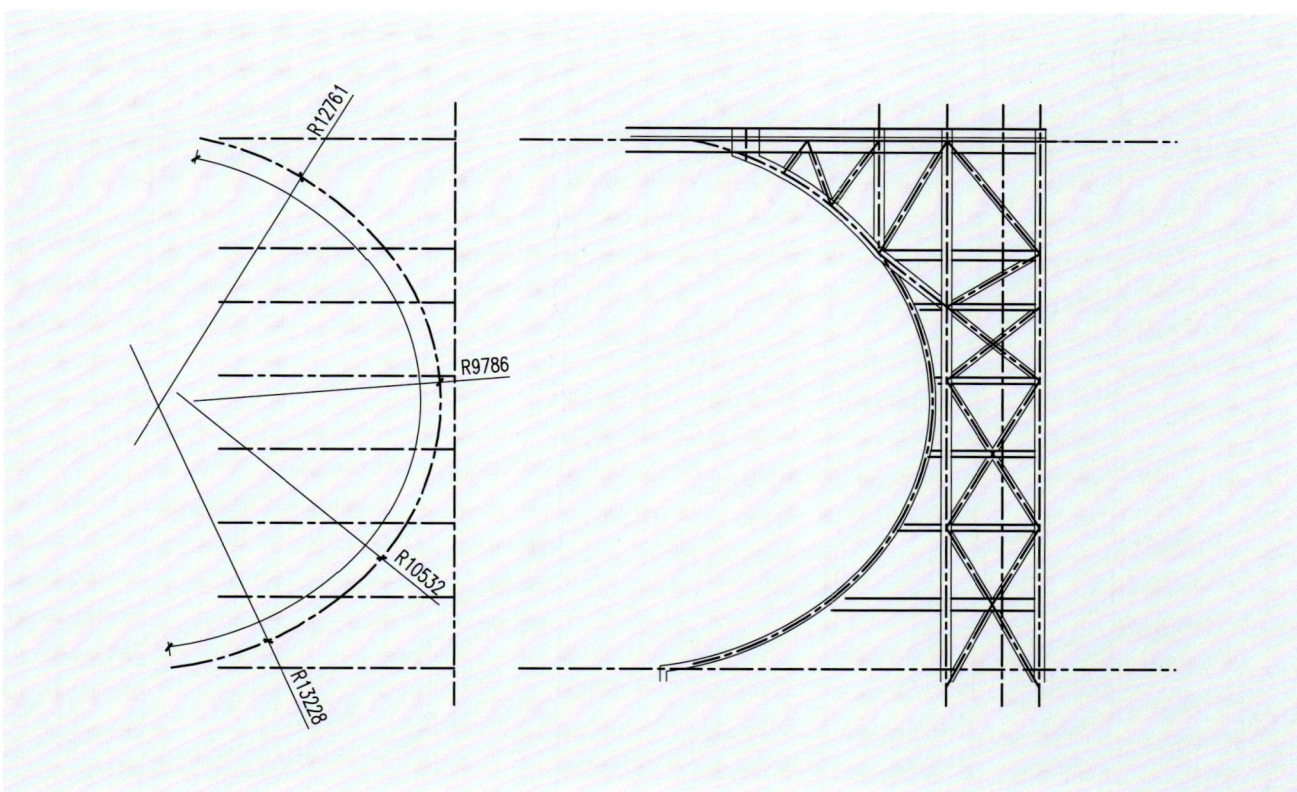

10号塔剖面

景观设计
烘云托月

依据概念设计方案，景观设计可采用两种思路，一种是采用常规造园式景观，散点分布，花树参差；另一种是采用简约型设计，将景观作为烘托建筑物的手段。

为了烘托蜻蜓·公园独特的建筑外观，景观不宜喧宾夺主，应以提升建筑品质、烘托建筑效果为宜，于是便按照简约型方向深化。

蜻蜓·公园整体造型以多个同心圆层层上升，形成巨大的"树的雨棚"，因此景观顺其形、应其势，提取建筑曲线、曲面元素融入景观铺装、小品的设计中，删繁就简，使其与建筑形成良好的呼应。

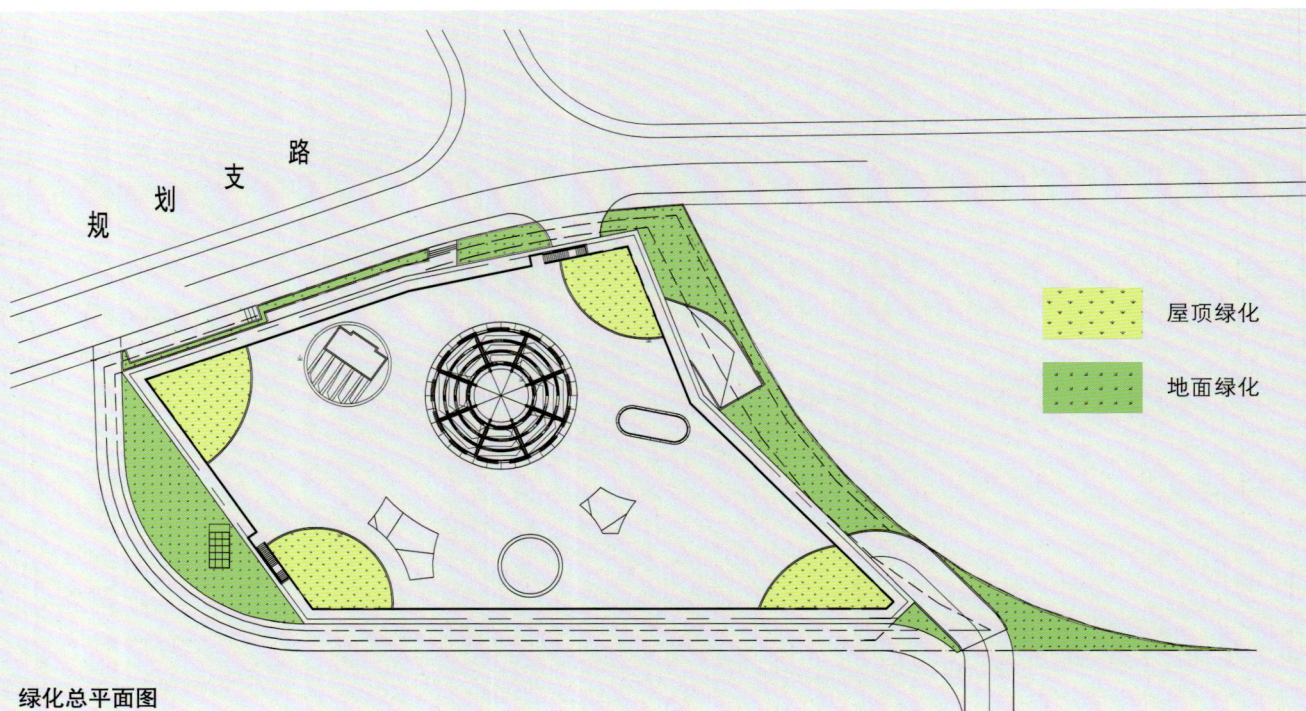

屋顶绿化

地面绿化

绿化总平面图

效果图2-5

① 精神堡垒
② 特色铺装
③ 缤纷花境
④ 休憩座椅
⑤ 景观树池
⑥ 景观雕塑
⑦ 休憩平台
⑧ 条带绿化

底层平面图

效果图2-6

建筑外立面轻盈、镂空的材料与形式，在通风、日照等方面有着先天优势，景观亦沿用镂空铝板、不锈钢等材料，延续其干净、轻盈质感，从而与建筑风格相协调。

景观绿化则以组团式的乔灌草、花境搭配形成层次丰富、精致美观的景观效果，柔化建筑边界、增加场地绿意。

最终，蜻蜓·公园简约的景观设计，轻盈而有序，充满生机而又占比有度，很好地贴合了建筑的风格，达到了烘云托月的理想效果。

1 特色铺装
2 云中吧台
3 汀步花境
4 蜻蜓阳台
5 艺术帷幕
6 缤纷花境
7 荷叶廊架
8 艺术装置

屋顶平面图

泛光照明设计
绚烂优雅

蜻蜓·公园照明设计从现代异型建筑形体出发，旨在通过灯光的光影关系以及点、线、面、体的手法运用，表达出建筑夜晚的空间层次与韵味，创造一个集功能性、艺术性、宣传性和可持续性为一体的夜间光的艺术地标。

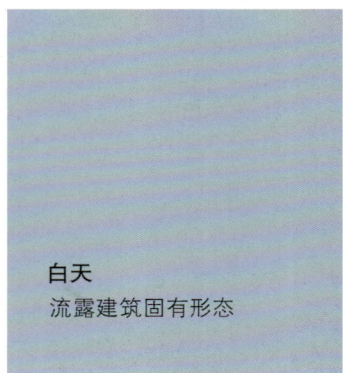

白天
流露建筑固有形态

夜晚
呈现建筑的神韵气质

光与影

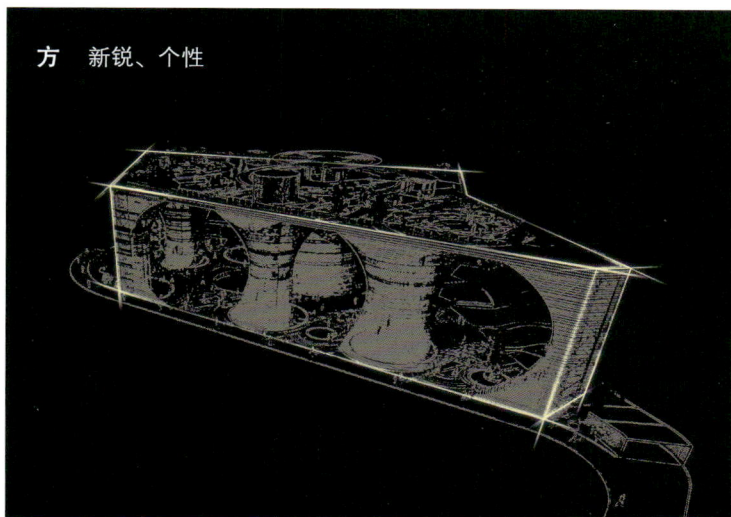

方 新锐、个性

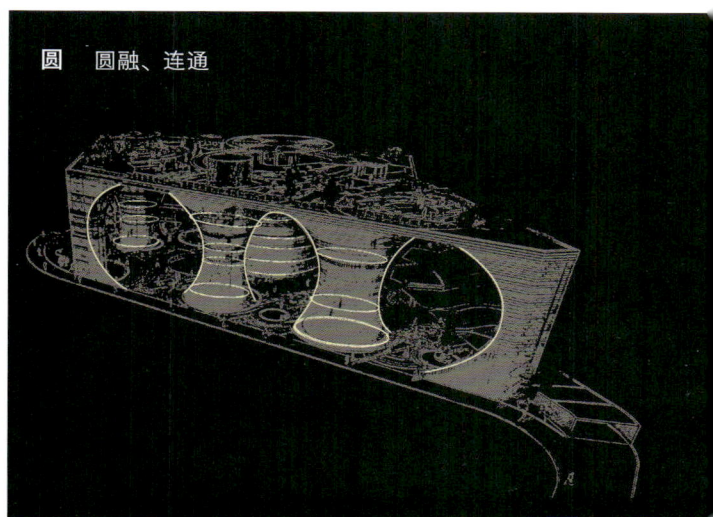

圆 圆融、连通

体 形体轮廓

腔 围合空间

形与神

简底

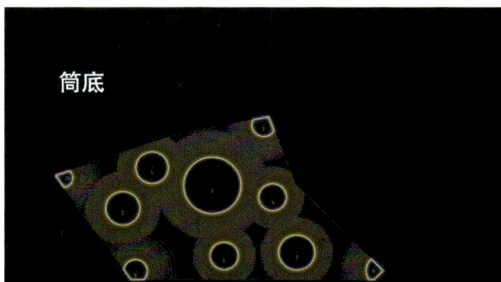

腔体

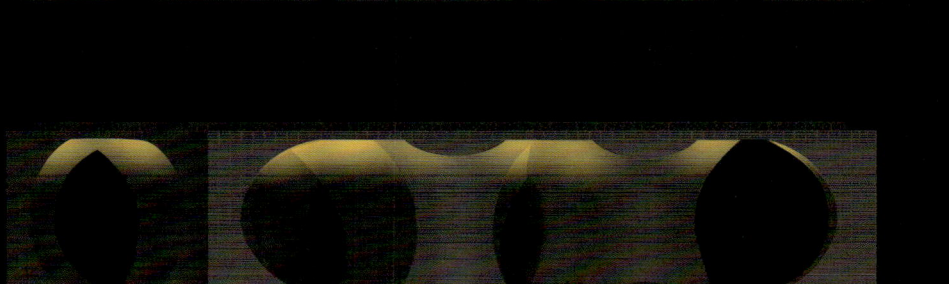

线与面

节庆日模式2-1

节庆日模式2-2

方案一　打造城市艺术发布中心

为此，照明设计首先从日照对建筑白天光影变化的研究入手，模拟内部空间与自然光的关系，从而打破建筑白天日光下的固有形态，用人工光呈现建筑刚柔并济的夜晚神韵。

蜻蜓·公园最初设想了两种

照明方案：

（1）打造城市艺术发布中心

以打造艺术空间和新车发布、快闪店为旨归，照明设计选取中央最大的塔筒作为投影的载体，对塔筒南半圈立面进行画面投影，通过播放不同的片源达到

平日模式

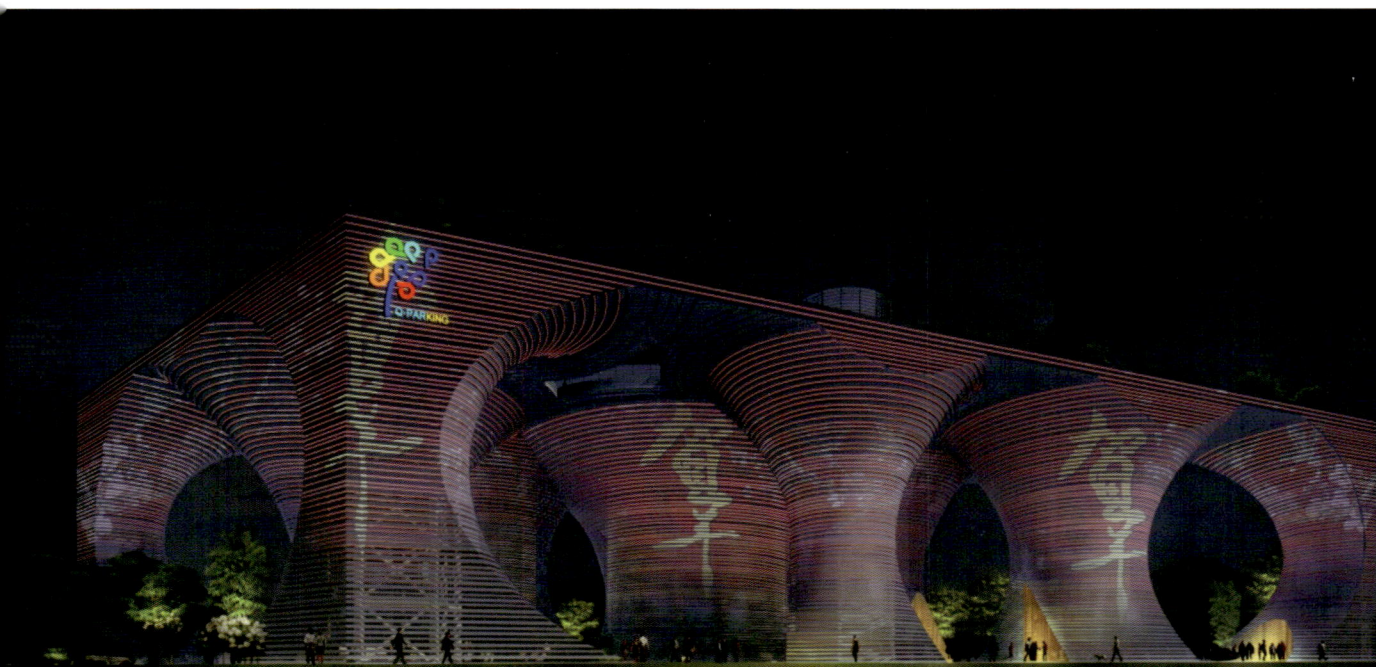

节庆日模式2-3

方案二　营造城市中心艺术地标

宣传效果，并配合不同的需求，营造特定氛围进行相应的艺术活动。

利用RGBW变色投光和投影创造纯粹的光艺术空间，并通过场景模式的设定，在节庆日可通过控制灯光的明暗和色彩赋予空间不同的情绪，使整个内部空间更灵动和艺术，让建筑更具艺术性。

（2）营造城市中心艺术地标

将LED线光源隐藏在立面幕墙装饰板的夹缝中，通过控制灯光的角度打亮所有立面横向装饰板底面，通过灯光控制呈现艺术和宣传性画面，体现建筑的内外整体性和夜晚灯光的无限可能性。

整体而言，方案一氛围效果略显繁复，方案二则侵入了场地外的视觉公共空间，后经综合考虑实际施工的落地性、对白天的建筑影响及对周边环境的影响，最终确定最优的解决方案：以空腔投光形式为方向进行设计深化，并取消核心筒立面投影形式，来营造更加柔和纯粹的光影艺术空间。

最终实景效果

效果图2-7

为了找到最合适的照明手法实现光空间效果，照明设计研究了投光灯天花吊装、立面内嵌、立杆三种方式，经三维灯光模拟，并与建筑、幕墙专业人士进行安装节点的深度沟通对接，综合利弊关系，最终确定利用智慧灯杆结合投光灯方式来实现效果，既不破坏建筑立面的完整性，又集成了地面基础照明、监控、宣传等功能需求，也契合了智慧停车的设计理念。

同时，照明设计师通过照度模拟计算，确定了立杆点位和投光灯数量、功率、角度，去除了生硬的边界，实现了纯粹的光空间。

塔筒底部灯光设计采用暗藏灯带的漫反射照明形式，结合最底层幕墙装饰板预留灯槽结构，充分考虑灯带出光角度和拼接细节，最终呈现见光不见灯的柔和效果，补充地面功能性照明的同时，形成大大小小的地面光环的艺术效果，呼应了建筑形态。

蜻蜓·公园最终呈现的照明效果具有圆融、通透而又削弱建筑异型感的作用，既迎合了建筑的未来感、科技感，又很好地呈现出艺术的张力，并契合了生态

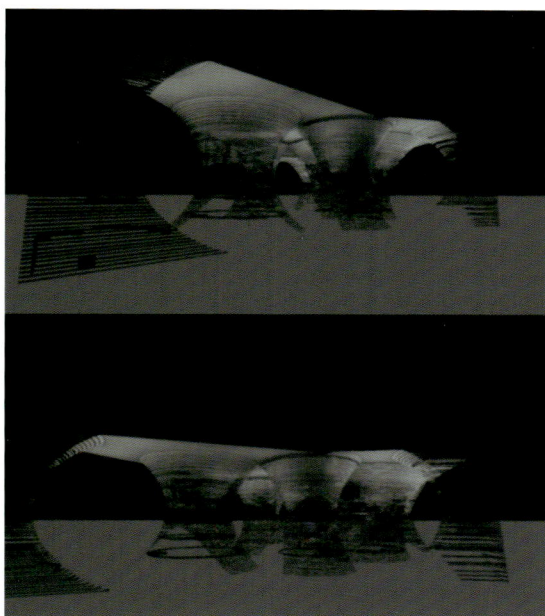
光感模拟

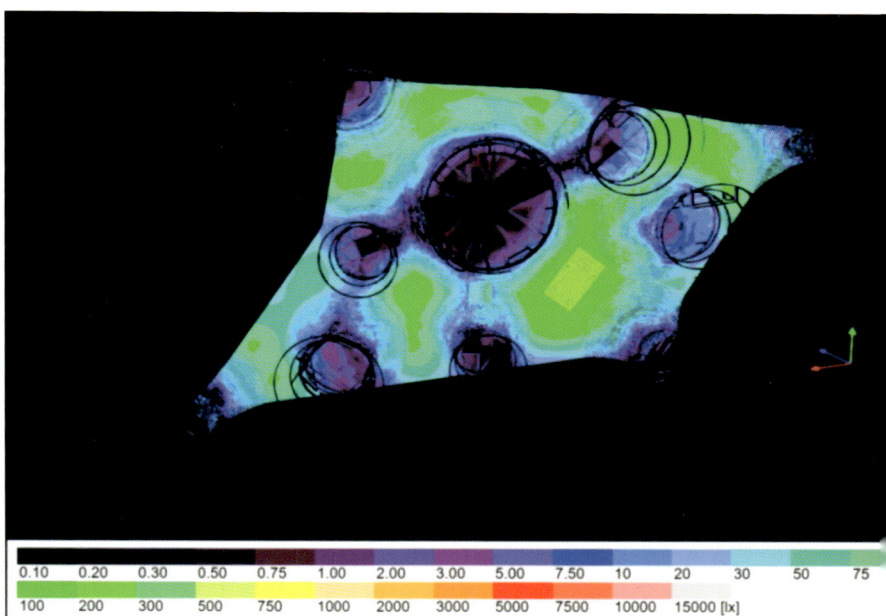

| 0.10 | 0.20 | 0.30 | 0.50 | 0.75 | 1.00 | 2.00 | 3.00 | 5.00 | 7.50 | 10 | 20 | 30 | 50 | 75 |
| 100 | 200 | 300 | 500 | 750 | 1000 | 2000 | 3000 | 5000 | 7500 | 10000 | 15000 [lx] | | | |

照度模拟

投光灯现场试灯效果

筒底灯带现场试灯效果

节能的主题，是一件具有良好实用功能而又环保的光艺术作品。

此外，蜻蜓·公园处在杭州老城与钱江新城的过渡地带，老城区以西湖景观性照明为代表，突出大西湖区域的静谧与优雅，钱江新城以灯光秀为代表，更富于现代与时尚之感，而蜻蜓·公园的灯光则介乎两者之间，优雅与灵动兼具，与新老城区形成和谐的灯光律动。

第三章
建造篇

当技术实现了它的真正使命，
它就升华为艺术
——密斯·凡·德·罗

建造历程
三年打磨的精品

2022年
1月14日

蜻蜓·公园进行
幕墙样板段试验

蜻蜓·公园开工仪式

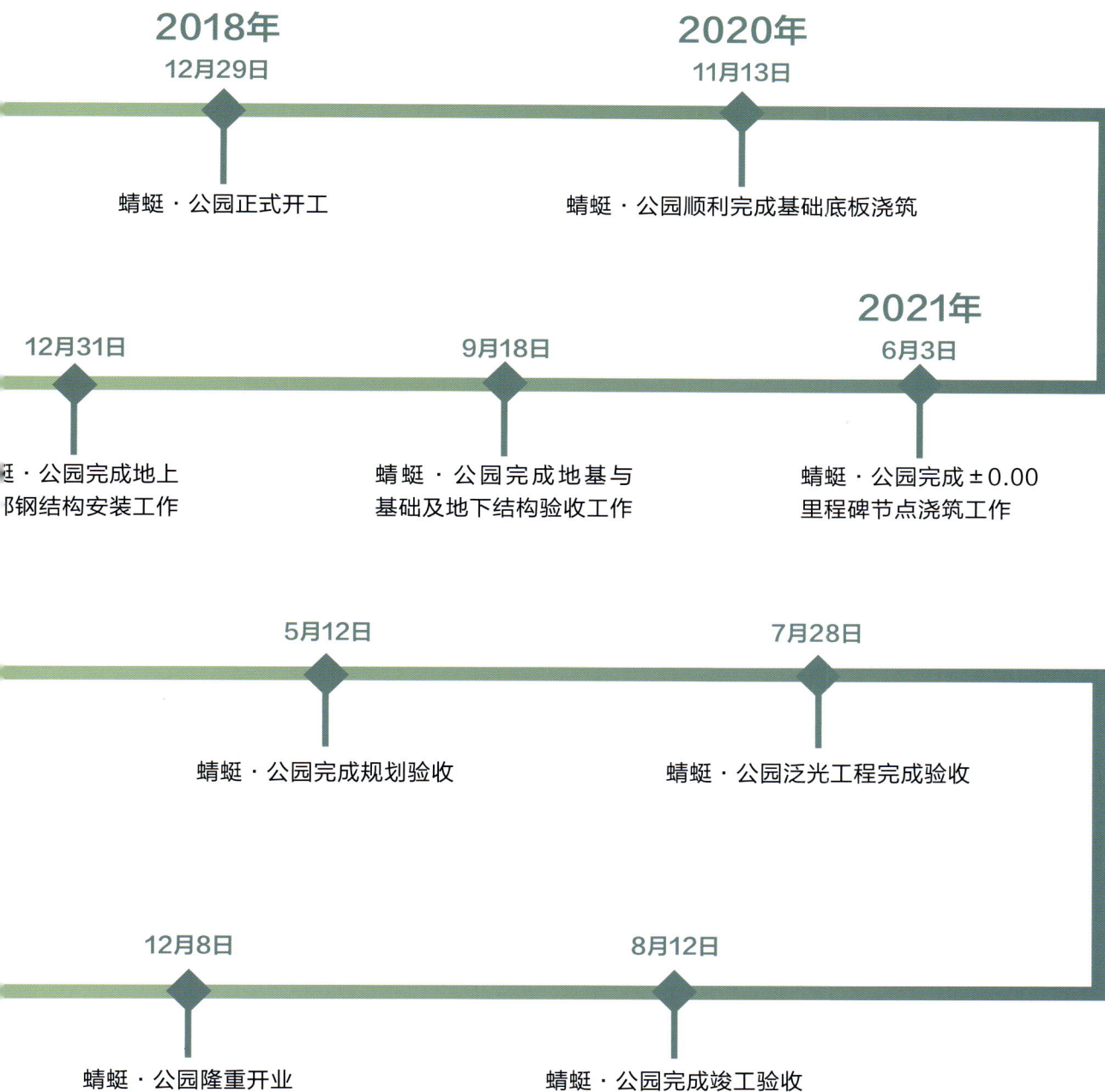

2018年
12月29日

蜻蜓·公园正式开工

2020年
11月13日

蜻蜓·公园顺利完成基础底板浇筑

12月31日

蜓·公园完成地上
部钢结构安装工作

9月18日

蜻蜓·公园完成地基与
基础及地下结构验收工作

2021年
6月3日

蜻蜓·公园完成±0.00
里程碑节点浇筑工作

5月12日

蜻蜓·公园完成规划验收

7月28日

蜻蜓·公园泛光工程完成验收

12月8日

蜻蜓·公园隆重开业

8月12日

蜻蜓·公园完成竣工验收

施工重难点
克难与创新并举

周边环境：螺蛳壳里做道场

蜻蜓·公园南侧临近地铁2号线庆春广场站及庆春广场站—庆菱路站区间隧道，距离车站主体最近约64.4m，距离B3出入口最近约45.3m，距离区间隧道最近约35.1m。根据《杭州市城市轨道交通管理条例》，蜻蜓·公园已进入地铁保护区50m范围内。蜻蜓·公园西侧距离秋石高架桥最近约45.6m，在杭州市规定的高架桥80m保护区范围内。蜻蜓·公园东侧紧贴杭州大厦501已建地下室，水平距离不足3m；北侧邻近的家私市场，其建筑年代较早，为根基较浅的无桩结构建筑，随着基坑的深挖势必会引起周边沉降，可能会引来投诉；东北侧距离红线范围仅1.5m处有一座燃气调压站，开挖深基坑必然面临重大安全隐患。

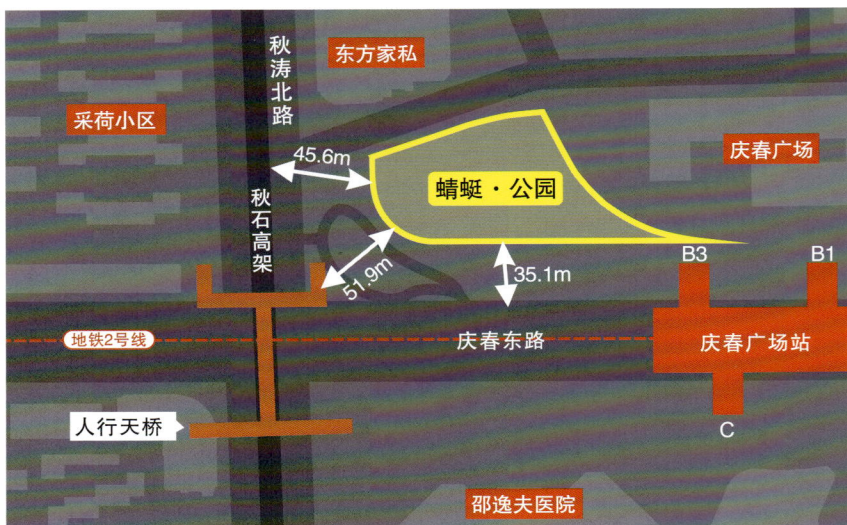

蜻蜓·公园地理位置

如何处理这复杂的周边环境，是挡在项目团队面前的第一个难题。为此，团队上下排除万难、积极作为，与地铁集团、评估单位、设计单位、监测单位等相关方，多次召开专题会、召集专家论证以及沟通协调，完成了地铁保护性施工、保护性监测、高架桥保护性监测方案的落地，并与地铁集团、市政设施监管中心签订监管保护协议，为蜻蜓·公园建设构建了良好的环境基础。

土建工程：工艺复杂步步难

基坑：决胜在毫厘之间

蜻蜓·公园基坑开挖深度为21.45～24.55m，其面临的主要难题有二，一是周边环境保护要求高，二是承压水防控难度大。

在环境保护方面，蜻蜓·公园南侧为已运营的杭州地铁2号线，坑底比盾构隧道底深1.5～5.0m，地铁设施变形要控制在5mm内；西侧为秋石高架和庆春路过街天桥，水平位移要控制在8mm内；北侧为浅基础多层建筑，水平距离仅14m；东侧紧贴杭州大厦501已建地下室，水平距离不足3m。这些都需要拿捏精确。

在承压水防控方面，承压含水层为圆砾，厚度约20m，最大粒径达10cm。开挖范围为透水性较好的粉砂土地层，坑底与承压含水层顶的最小竖向距离不足10m，需制定合理的潜水和承压水处理措施，并控制降水对周边沉降的影响。如采用隔断方案，地连墙长度接近60m，且成墙质量难以保证；如采用减压降水方案，会对周边环境有较大影响。

基于此，项目团队经过反复磋商制定了有针对性的解决方案：一是采取综合措施解决坑底抗承压水突涌难题；二是利用双层止水帷幕解决地铁保护区降水难题；三是通过交替开挖解决分坑施工难题。

为了保证方案得到精准实施，基坑开挖过程中，施工单位严格遵循分区分层开挖原则，成立深基坑施工领导小组，合理安排施工流程，科学统筹各工序衔接，加强过程监测管理，确保了基坑安全。而上部为深厚富水粉砂层、下部为承压含水圆砾层的复杂地质环境，减压井施工易造成漏浆塌孔现象。对此，施工单位项目团队通过积极探索和实践，采取调整施工泥浆比重、应用PE（聚乙烯）波纹管护筒等措施，形成了深厚富水粉砂层减压井施工技术，有效根治塌孔现象，降低了基坑开挖风险。

建筑：针对需求调细节

蜻蜓·公园具有地形狭小、造型结构复杂但配套功能多的特点。为了利用好每一寸空间，设计团队先后进行了两次重大调整，使功能布局更加合理，建筑使用面积更为优化。

蜻蜓·公园是首个研发型智能停车楼，面临很多"从无到有"的问题。因此，在建设过程中，多个子项是边研发、边设计、边实施，导致了施工周期拉长，施工难度加大。如在AGV设备研发过程中，研发团队针对地坪纹理、地坪强度、地坪防水等提出了十分精细的需求。具体而言，地面设计要能够承受AGV设备加车辆重量来回碾压而不开裂；无论在潮湿还是干燥环境下，地面水磨石石子级配都要满足AGV设备纹理图像导航需求。针对这些需求，开发公司协同设计单位一边研究地面做法并查找材料，一边向水磨石厂家反复询价、制定小样，并协调施工单位配合完成地面调整，最终在满足AGV设备需求的基础上，也保证了地面的美观与简洁。

蜻蜓·公园系城市中心公园，要求外立面美观与安全兼备。为达到此效果，设计单位多次组织专家研讨、开展幕墙考察，全程把关建筑效果。通过对

平移后的燃气调压站（临时）

夜间施工迁改过程

地连墙沉槽

采光顶造型、连廊造型、出屋面塔筒外立面、铝板近人尺度及上部疏密调整，对一层开口、收口部位铝板细部处理等，幕墙外立面效果得到了更好展现。

地下结构：工艺把控难上难

深基坑开挖难度较大。基坑平面为不规则的多边形，最大尺寸约66m×125m，其开挖深度为21.45～24.55m。采用地下连续墙作为支挡结构和防渗帷幕，兼做地下室的永久外墙，墙厚达800～1000mm。施工过程中需从上而下设置四道钢筋混凝土支撑。

地下室抗浮设计要求高。负四层底板标高−20.050m，升降机基坑深达−22.050m，水浮力大。设计采用旋挖成孔承压兼抗拔桩基，将持力层选择在地基承载力较高的圆砾层，桩径700mm，有效桩长35m。施工中设置多个基坑监测点，严格控制基坑施工引起的周边土体变形。

型钢混凝土构件施工精度要求高，技术难点多。因地上与地下为两套不同的结构体系，在地下室顶板和负一层楼板采用型钢混凝土框架结构实现竖向构件转换。转换构件节点设计及深化、运输及吊装就位、混凝土浇筑施工难度大。负一层层高5.750m，高大支模架现场施工难度大。

多个环节施工工艺难度大。由于地下结构存在较多型钢混凝土构件，在钢筋绑扎、模板支设、混凝土浇筑等施工工艺方面难度较大，质量控制要求较高，在施工单位的高度配合下，工程顺利完成施工。

地上钢结构：解决三难卡节点

首先，蜻蜓·公园地上结构为异形钢结构，设计难度大。钢结构造型复杂，外圈弧形斜柱和弧形梁数量多，控制钢柱的加工制作精度为加工重点。

其次便是防腐防火要求高。因钢结构处于半裸露状态，为解决钢结构的耐久性能及防火性能，开发公司多次组织钢结构防腐防锈、防火专家会。根据专家意见优化幕墙钢龙骨与主体钢结构连接方式，避免采用大量横板产生积水对防腐处理产生不利影响，同时增加预留维修通道等措施，确保定期钢结构检查，消除后期钢结构腐蚀安全隐患。明确防腐涂装防护层使用年限不少于15年，明确防火涂装方案、各钢结构部件的耐火时间及施工符合

规范要求。

再次是施工难度高、安全管控难度大。屋面层施工时，高达21.5%的面积为悬空区域，悬空区域高21.55m。

蜻蜓·公园外框钢柱均呈弧形倾斜布置，且弧度各不相同，为保证弧形钢柱的空间定位及固定，现场施工过程中主要采取如下措施：

一是运用BIM三维建模技术，优化复杂节点，通过模型直接生成加工图。在加工过程中严格控制成型尺寸，使用胎架定型限位加工，并使用三维激光扫描仪模拟预拼装，确认无误后再进行实体拼装，一旦发现尺寸偏差，即在工厂解决，做到万无一失；现场根据实际安装尺寸测量调整，确认无误后一次性吊装就位。

二是在结构深化设计过程中，根据构件倾斜程度及重心位置，科学合理设置吊耳并制定钢丝绳长度，保证以合适角度起吊，方便安装。

三是在钢柱测量前，根据深化设计分段情况，计算出每一节钢柱柱顶中心及牛腿特征点的空间坐标，以此作为测量校正依据。

四是通过有限元计算分析软件进行施工模拟分析，实际施工过程中通过预起拱、变形补偿等

技术措施进行处理，并在施工过程中实时监测。

五是通过三维激光扫描仪对安装好的构件扫描生成点云模型，与深化模型进行3D对比，及时纠偏，保证现场安装精度。

整个钢结构除个别次梁采用铰接外，其余均为钢接，同时受施工场地限制，构件多次分节，导致现场拼装焊接工作量很大。

在防火涂料现场实施方面，考虑室外钢结构安全性与耐久性，蜻蜓·公园耐火等级确定为一级。根据要求，钢柱、斜撑的耐火极限为3小时，需喷涂3cm防火涂料。

按照工序，钢结构面层防锈工作处理完后，首先要刷一道界面剂，第一遍喷涂0.5cm防火涂料，待面层干燥后绑扎钢丝网（防止防火涂料因厚度坠落），增加防火涂料黏结度；第二遍喷涂1.5cm；第三遍喷涂1cm。且需保证每一遍的喷涂均匀饱满，每一根柱子的厚度、均匀度都要经过施工、监理、建设三方检测检验，确保满足质量、观感要求。

为保证施工质量，防止因涂料未完全干燥而产生流动问题，每一遍喷涂时间间隔至少要48小时，这对项目工期形成了较大的挑战。彼时是二月份，正值春季，雨水多、空气湿度大，涂料干燥慢，对整体施工推进影响较大。为此，项目团队召开专题会商议对策，通过采取一系列防雨通风干燥措施，最终在规定的时间节点前完成了防火涂料施工，确保了与幕墙安装工程的无缝衔接。

地下结构

建设过程实景图3-1

地下二层底板浇筑

建设过程实景图3-2

幕墙：攻坚克难创先例

蜻蜓·公园为10个双曲锥面钢结构独立塔筒，是依靠统一的屋面结构和钢结构形成的各方面均是双曲扭面形式的建筑体。为形成顺滑的效果，设计、曲面模型修正、测量、出料下单、双曲铝板加工、施工安装等环节都有着巨大的难度。且此类城市构筑物幕墙在国内无可参考之先例。

面对挑战，团队在前期准备时就面临着诸多难题考验。

2020年11月UHPC（超高性能混凝土）幕墙样板段启动。为保证幕墙最终实施效果，2021年7月召开UHPC幕墙样板段启动会，明确各方职责及工作内容、实施建议及注意事项。8月第一次挂样，由于UHPC为新材料，样品、预埋件、连接件试版出来

幕墙施工现场3-1

幕墙材料3-1

幕墙材料3-2

以后都无法满足设计要求。随后，开发公司立即组织UHPC项目考察、召开专家会，结合考察结果及专家会意见进行调整，进行第二次挂样。11月第二次挂样，效果及性能仍无法满足设计要求。

两次无法达标，设计团队转换思路，综合考虑效果呈现、幕墙安全性，并结合专家意见，提出了修改UHPC幕墙为铝板幕墙的方案。2021年10月开始，开发公司组织设计团队及行业内专家进行幕墙考察，最终确定由水性烤瓷铝单板代替UHPC幕墙。

考虑钢结构龙骨等防锈防腐问题及美观性，设计团队优化了连接方式及龙骨涂装方案。

铝板挂样后，色彩设计团队反复打样对比铝板和龙骨颜色，结合现场实际情况和设计团队意见，于2021年底确定幕墙龙骨、铝板及连接件颜色；近人尺寸铝板宽度及疏密，结合现场涂色及挂样修改两次并确认；各塔筒敞开部位，结合现场可视情况，收口部位统一整改。

在细节处理方面，因钢结构造型复杂，到处都有弧管柱，幕墙及结构图纸无法全面表达空间实际情况，许多特殊部位需通过三维模型及现场勘查才能解决；根据现场进度，开发公司多次半夜、周末组织会议及现场勘查，解决施工过程中的技术难点，技术方案最终得以落地。

铝板幕墙施工开始后，由于从主体钢结构到铝板面层连接节点基本为硬性连接，安装误差累积再加上主体结构误差，对产品加工精度及安装精度要求大大提高，此外施工周期短也是一大挑战。

一是耳板定位难度极大（全站仪，打点定位）。蜻蜓·公园铝板板块数量共计约20000块，对应约8000个耳板点位，17m以上因主体结构与弧形龙骨碰撞，故采用特殊方式的耳板。幕墙外表皮是蜻蜓·公园的控制标准，以致主体钢结构的误差都需幕墙来消化，造成耳板进出位尺寸较多，每个点位均为一个独立的空间三维坐标，无重复性和规律性，造成定位时间长、耳板加工尺寸繁多。为保证施工精度，现场利用激光扫描仪、三维模型等先进工具，采用现场扫描、模型比对等方法，对耳板进行加工与定位。

二是铝板加工难度极大。产品采用3mm厚铝板双面烤瓷喷涂，面板宽度区间为120～300mm，单件板展开平均面积仅为0.65m²，由八个组件构成，板件细碎程度远超常规。弧形板的

幕墙施工现场3-2

面层及折边展开均为扇形，这使得材料利用率仅能达到70%。同时，由于每个塔楼的造型各不相同，且每个塔楼随着高度不同，每一圈的角度、半径都不相同，弧形占比达80%，这就给生产控制带来极大的困难，无法投入设备开展批量化生产，需要耗费大量人工从事生产、定制加工。

三是弯弧龙骨加工及安装定位难度极大。每个塔楼的造型各不相同，且每个塔楼随着高度不同，龙骨每一圈的长度、半径都不相同。弧形龙骨种类众多，主体结构间距大小不一，弯弧龙骨弧度、长度不一，这对运输、原材损耗、现场安装均影响极大。由于铝板安装节点调节空间小，因此弧形龙骨加工、安装精度就显得极其重要，这就使安装定位难度变得很大。此外，龙骨相贯口多，线切割繁琐也是一大难题。

四是铝板安装及定位难度极大。烤瓷铝板通过铝合金抱箍连接件与水平龙骨连接，每块铝板有2~3个连接点。抱箍系统只能进行上下调节，无法对铝板进行三维调节。

五是施工周期短。幕墙工程总工期共计75天，因临近春节人手短缺，且中间一个半月又是雨季，给室外施工造成了极大困难。为此，开发公司努力协调各方。在人力方面，公司干部带头，春节期间组织40余人加班，年后增加至100余人，最高峰时达到120余人，采用两班倒保证施工节点。在机械设备组织方

面，根据现场人员及材料进场情况，高空设备逐步进场，最高峰时期达到38台高空设备。在材料供应方面，为保证现场施工进度，春节期间协调铝板厂及配件厂组织工人加班加点生产。为保证龙骨及配件产能，配件厂商过年加班人数达40人。

六是施工安全风险高、协调难度大。幕墙最高施工部位为22.6m，现场施工安装难度高，施工人员高空作业点多面广，易发生高空坠物等安全事故，安全管理风险较大。在施工过程中，人员、交通、材料运输极为繁忙，为避免各专业交叉作业，保证施工安全，如让电焊作业、材料加工穿插开展，需要完成大量的协调工作。

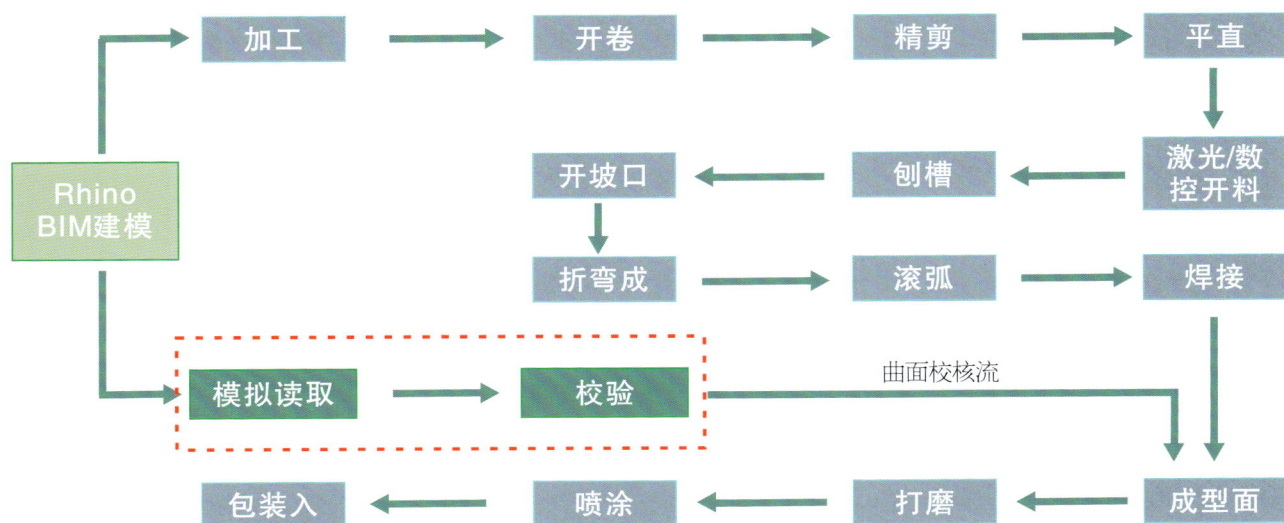

铝板加工安装过程

此外，为保证规划验收时间，幕墙深化及施工时间非常紧张。但就在屋面结构已施工完成时，2021年12月集团提出增加使用面积、完善使用功能的新要求，因原有结构未考虑增加幕墙的受力情况，于是开发公司立刻与设计团队展开研究，通过变更幕墙受力方式及增加顶部幕墙受力构件来实现。正是通过施工单位、设计单位、开发公司加班加点对接、严控，才最终顺利完成幕墙施工。

建设过程实景图3-3

机电安装：创新施工保质量

蜻蜓·公园在机电安装过程中同样遭遇了众多困难，为了保证质量，施工团队采取了诸多创新性的措施。

蜻蜓·公园负一层管线众多，很难排布，为了保持管线安装完成后的净高达到设计要求，设计BIM图时，设计人员多次到现场复核，尽量从梁窝布设管线，最终使管线净高达到设计要求。

施工过程中，因消防规范进行了更新，原图纸设计的风管为镀锌白铁皮风管，与现行验收规范要求不一致，为了达到现行规范的要求，经与消防验收主管单位、设计单位、图审单位、消防检测单位沟通，确定将原设计风管材料变更，为项目通过消防验收做好前置工作。

蜻蜓·公园负二至负四层没

机电施工现场3-1

有汽车坡道可以进入，因此所有施工材料需采用临时吊装孔进入。施工人员精心组织、提前安排，地下室所有材料（含6m长的管道）均顺利进入施工位置。

按电梯规范要求，当相邻两层地坎之间距离超过11m时，应在其间井道壁上开门，方便通往井道供援救乘客使用。由于蜻蜓·公园是异型建筑，观光电梯需设置逃生通道，但受结构条件限制，逃生通道规划非常难。为了实现这一目标，开发公司通过了解各品牌电梯参数，多次协调厂家，终于在电梯井西侧留出650cm宽的一个紧急救援通道，使电梯得以顺利安装。

为实现地下面积最大化，地连墙（内边）后退建筑后线1.5m，结果后期室外管网实施时发现排管非常困难。后经多方协调，采取多种措施，用BIM预排后，才顺利完成管道安装。

塔库停车位需要做喷淋系统，在管道施工的时候，因七层塔库没有楼层板，导致困难重重。施工人员搭设了临时楼层板进行施工，用麻绳人工吊运材料，才最终顺利完成管道安装。

蜻蜓·公园造型奇特，施工中管道、桥架、风管等都需采用非标准角度。其中二层塔筒都是圆形造型，为了美观，管道采用厂家预制弯好再运到现场组装，施工难度大。

开闭所已按权属单位确认的图纸完成施工并准备通电，此前恰逢郑州突发大水，通电断路造成人员伤亡。为避免未来类似情况发生，权属单位验收时提出，开闭所出线必须从开闭所外接。事关生命安全，开发公司立刻按照权属单位要求，对方案进行了调整。

机电施工现场3-2

机械：技术集成困难多

蜻蜓·公园停车系统由AGV机器人、升降机、塔库组成，分别由钱投集团与机器人研发团队、升降机合作团队、塔库合作团队合作完成。车辆经汽车坡道至负一层，可通过负一层升降机下到地下各层，由AGV机器人将车辆搬运至停车位；或在负一、负二层由AGV机器人将车停至塔库，再通过塔库机械传送装置上到地上各层。

AGV机器人是停车系统的核心，采用了最新的夹持式AGV机器人，实现了智能化的停车体验。AGV硬件采用集约化的设计思路，高效集成了控制、动力、安全等组件，使硬件结构新颖美观。软件系统采用机器人调度系统，其强大的算法技术满足了机器人路径规划、任务分解、动态管理、信息统计、告警等服务需求，并集成了停车管理系统、升降机系统、城市大脑及Q·Parking系统，实现信息共享。通过软硬的相互支持，保证了停车系统整体的高效稳定，满足了用户停车（道闸抓拍机、升降机引导）、入库（机器人自主搬运）、出库、取车（人机交互界面一键取车）、盘点（机器人系统库存车位管理，信息查询，数据统计等）、支付（无感支付-多系统集成）等需求。

AGV机器人的使用，实现了车主和运营商的双赢。对于车主而言，省去了寻找车位、倒车入库、取车寻车、寻找出口、排队收费等环节，提升了停车的智能化体验。对于运营商而言，采用机器人停车，真正实现了零排放；采用系统强大的数据及算法处理，满足运营单位的实时数据需求；采用AGV自身传感器，以及路径规划算法的安全空间保护，真正做到人车分流，保障人员及车辆安全；在有限的空间内，通过子母车位的管理，增加了空间利用率，节省了土建开发成本；无人值守作业，降低了人员成本。

当然，为达到这样的理想效果，在产品的前期设计开发和后期安装过程中，各团队都曾遭遇过不少困难。

机器人研发团队

AGV强弱电图纸：因机器人研发团队对AGV强弱电图纸设计理解较薄弱，与土建强弱电设计的理解有偏差，开发公司多次开协调会、帮忙审图、提出多轮修改意见及建议，机器人研发团队一直深化修改但未能达到很好的效果。为保障实施的时间按计划进行，深化设计的同时进行AGV智能停车设备采购的编制及安装合同的拟定。且AGV强弱电实施进场时，地下结构基本施工完成，部分管线已没有条件实施暗敷，为保证美观，开发公司反复同设计单位及BIM顾问沟通，设计合适的线位路径，补充桥架来贯通机器信息点位的布线工作，以确保观感。

纹理采集：因现场各工种交叉施工，粉尘弥漫，水渍交错，施工工具及其电源线占用场地，甚至出现地面裂缝现象，这些都导致纹理采集异常艰辛。蜻蜓·公园地下室共四层，负四层底板面层标高−19.9m，返潮导致地面色带脱落，机器人研发团队需经常返工。为了使纹理采集更加顺利，开发公司结合AGV设备使用需求，逐层设置除湿机，确保地下室干燥、无结露。

AGV调试：AGV运行对地面平整度要求极高，要求升降平台停车表面与出入口建筑平面的高度差和水平缝隙精度均控制在2mm以内，否则需采用其他辅助结构补平。若升降机地面高低不平，会导致AGV进出升降机非常容易走偏、抖动、误报遇障等。对此，研发团队专门对AGV进行了升级优化，以减少此类问题。

升降机联调：调试初期，升降机硬件故障频繁，且维修时间较长，导致AGV进出升降机测试异常艰辛，每天平均测试频率较少。为保证最终取车效率，开发公司协助研发团队出具联调方案及测试大纲，同时与机器人和升降机团队紧密对接，加班加点测试。

升降机合作团队

升降机采用双电机驱动提升系统，配置有两套主钢结构框架。这两套钢结构框架的立柱连接支架，通过焊接与混凝土结构梁的预埋钢板固定。由于土建施工时，结构梁里提前埋设钢板，在安装时，很容易与钢结构立柱连接支架产生偏差，这就是通常所称的"预埋偏差"。预埋偏差将影响焊接面的连接强度，需要增补连接支架结构补强。为此，施工团队未雨绸缪，把预埋钢板尺寸双向各加长100mm，顺利完成了设备安装。

升降机设备物料吊装用的设备（电动葫芦）安装也颇费周折。升降机井道顶板预埋吊环离负一层楼层面净高约6m，该吊环为升降机设备吊装受力点且井道为6m×3.7m的竖井，深度约20m，安装吊装设备（电动葫芦，重量80kg）难度极大。施工团队在负一层铺设钢平台，搭设脚手架后，才顺利解决吊装难题。

升降机井道设计净宽为3700mm，土建结构施工完成后，实测净宽的最小距离却只有3590mm。在设计时，为了保证升降机轿厢停车面的宽度，对重铁板离墙（或结构梁）只保留了30mm间距，显然实测井道净宽已经不满足设备安装要求。施工团队通过与设计师反复沟通，调整重铁板宽度及吊点位置。最后，在改变配重总重量但不影响设备其他功能的前提下，顺利解决了井道偏小的问题。

为了配合机器人团队新增功能，升降机团队增加了故障确认和继续执行功能。例如在出入口存车时候，若有人员突然闯入，警报声会随即响起，升降机将立即停止工作。出入口人机界面需要故障复位安全确认后，再继续运行。升降机要收到出入口的故障复位、安全确认指令后，才会再次等待接收运行命令。功能看似简单，但都需要修改底层代码，两个团队调试起来颇费周折。在双方技术人员细心、耐心，还有慧心的加持下，终于圆满克服了这个困难。

塔库合作团队

在深化设计过程中，负一、负二层均有塔库的汽车搬运器与AGV进行车辆交接的区域，原设计采用了车位架加导向槽的搬运器车辆驳运方式，为了改善AGV运行环境，塔库研发团队经过技术分析并进行了工厂测试，最终采用了以搬运器车轮自对中的方式，完成塔库外部汽车驳运。并在塔库外部出入口处，通过地面标识的方式，以满足搬运器取车时的定位精度需求。经过优化，优化后的地面更有利于AGV的运行，最大程度上减少了AGV轮子的磨损。

为满足二层（标高17.3m）及顶层商业业态的调整，同时确保整体美观效果，也需对原设计中的车位架进行优化，降低其高度至同地面平，或者取消。降低车位架高度方案需进行地面及结构的改造，风险及难度较大。后塔库研发团队经过技术分析，也采用了负一、负二层类似的搬运器车轮导向方式，完成塔库外部汽车驳运。并在塔库外部出入口处，通过地面标识的方式，辅助待停车辆进行定位，以满足搬运器取车时的定位精度需求。

塔库升降系统的动力主机有高度要求，原设计方案中安装高度超过了主体建筑高度。塔库研发团队在标准机房层增设钢丝绳返绳轮组，将动力主机布置在二层（标高17.3m）处，通过合理绕绳布局，在不占用停车位的前提下，巧妙地解决此问题。在调试试运行过程中，动力主机性能稳定，达到设计预期要求。

塔库主体立柱有直径700mm、600mm和400mm的三种类型。由于塔库升降通道空间尺寸紧凑，升降行程从负二层到屋面层，其中直径700mm立柱侵占部分升降通道空间，原轿厢结构布局空间要求大，部分机构部件占用进出车辆空间，无法满足适停车辆尺寸要求。通过塔库研发团队讨论研究，将传统的起吊、导向同位点布置方式调整为分点布置，有效地腾出空间以满足停车尺寸要求。通过研究分析发现，起吊及导向分点布置的结构形式更稳定，轿厢运行水平度更高，大大提升了升降系统的性能。

原设计方案中，配重装置安装在负三层，占用一个AGV搬运停车位。在考察轿厢升降行程后，发现配重设备每层都要占用一个AGV搬运停车位，这极大浪费了停车资源。为了满足停车位数量要求，塔库团队通过绕绳比例的技术方式，不惜增加成本，减少配重设备的行程，以达到不占用车位优化设计方案要求。在调试试运行过程中，设备性能表现稳定。

进入现场安装阶段后也是难题频出。由于土建施工在前，塔库实施时间在后，在安装曳引机设备、配重框架绳轮时，发现建好的配重井道偏移了15cm。为了不破坏基础结构及主体钢结构，曳引机设备及配重框架只能随之偏移。这15cm偏移带来了一系列问题，已安装的顶层绳轮支架、升降机井道导轨要重新调整；已铺设的升降机轿厢导轨，需从顶层至负二层重新定位放线；需要重新逐一检查每层导轨与升降机轿厢之间的间隙，确保升降机轿厢运行不造成偏差。

升降机是蜻蜓·公园最关键的设备，安装质量直接影响设备运行能耗及噪声。升降机由轿厢、轨道组件、对重装置、曳引装置、控制系统、安全组件等组成。首先要重点保证4条T形导轨的水平间距和垂直度，其次要确保轿厢框架的水平度在±3mm以内。轿厢由H形钢主梁和副梁组成，直径近8m，一般安装工艺难以保证。塔库安装团队在升降机井道内，首先搭建了脚手架平台，然后在平台上，拼接轿厢组件，用螺栓连接，调整各条梁水平度，最后加焊固定，从而保证了轿厢水平度。轿厢安装完成后，还需要测量导轨垂直度和对角线尺寸，计算钢结构实际中心与钢结构理论中心的相差值，找出钢结构的基础定位轴线，保证误差在允许的范围内。曳引机及反绳轮安装质量，对升降机的运行稳定性也至关重要。安装团队首先在机房吊线放样，计算四根主导轨轨距(对面轨距和相邻轨距尺寸)，核算反绳轮、收绳轮的中心线，确定永磁同步曳引机的位置，即两根配重导轨轨距中心线延长的交点，保证曳引轮出绳边与配重轮进绳边相切，确保一切

准确后，固定永磁同步曳引机的机架，最后测量相关尺寸，与设计图纸一一校核，满足要求后进行加焊。

车位设备是车辆在车库内停放的框架，安装质量直接关系到搬运器运行可靠性和噪声。车位设备主要由两组钢架焊接结构框架组成，安装时需重点保证框架水平度及搬运器导轨位置度，还要保证轿厢平层后，转盘与车位接驳水平缝隙及高差在±2mm以内。塔库安装团队首先确定车位设备的水平基准，接着将轿厢平层到位后，将锥套套在接驳平台的定位锥销上面，随着接驳平台向前平移，使其水平间隙完全消除，然后通过调整锥套上下位置，使接驳平台上面的平板跟车位钢架平板平齐，再将锥套固定板焊接在固定架上。要保证框架水平度，安装团队首先安装其中一侧的钢构框架，通过钢构框架四个角的长度，用水平尺来调整钢构框架的水平度，将车位钢构框架焊接在塔库钢结构上。接着以安装好的钢构框架为基准，用同样的方式将另一个钢构框架焊接在塔库主体钢结构上。这样就顺利地保证了转盘与车位设备接驳，它们之间的水平缝隙和高低差都控制在±2mm以内。

景观：屋顶排水巧解决

蜻蜓·公园的景观设计重点在铺装设计上，要从建筑设计要素出发，提取建筑中的曲面、曲线、同心圆、镂空等元素，将建筑核心筒之间的关系，用同心圆与曲线的铺装形式相连接，铺装施工难度较高。

因场地空间局促，受建筑红线、管线综合排布、结构顶板及上翻梁等影响，消防车道及架空层出入口的标高，要符合消防车道标高要求，需要调整消防车道，变更消防车道下部的雨水管管径及材质。开发公司多次组织会议和现场勘查，调整设计方案，最终顺利解决消防车道综合问题。

屋顶排水沟，由于施工放样发生偏差、圆弧偏位，导致屋顶铺装施工无法正常进行。如果改变原景观方案，就无法保证原设计方案的设计理念。因为原设计方案中景观设计元素与建筑核心筒形成呼应关系，景观铺装及排水沟都按照同心圆扩散，但凡产生偏差，会造成呼应关系错位。经过多次沟通，为了建筑、景观整体效果，景观施工单位破除了原有沟顶保护层，对水沟偏样不大的位置，采用加砖、加长不锈钢水沟盖板弥补；对偏样位置严重、沟壁两侧都无法固定的部分，加预制板架空重新施工。

景观施工现场

泛光：数次调整保效果

蜻蜓·公园的泛光灯杆为多功能，多杆合一的立杆，重量430kg。确保灯杆基础牢固，确保安全是最重要的。但是在地下室顶板结构施工时，没有进行基础预埋，要完成设计图纸要求，现场条件已经无法满足灯杆基础高度与配重。经开发公司多次协调，结构设计复核增加基础底部钢丝网，上部结合土建一体化施工，加宽灯杆基础，确保了灯杆基础稳固性。

为释放更多的广场空间给市民使用，需要尽量减少灯杆数量，设计考虑尽可能通过角度调节来实现大面积照射区域。但因为投光灯数量减少，如何凸显建筑物内部整体效果，又成了问题，特别是2号筒处。经过施工团体多次调整附近区域所有投光灯角度后，最终达到预期效果。

灯杆立杆难度大。施工过程中，因土建、景观绿化、铝板幕墙交叉施工，除最南侧几根灯杆可采用起重吊装外，其余灯杆吊机无作业面，无法进行吊装作业，只能采取人工方式立杆。

塔筒底部灯带均为贴地面弧形安装，又要达到设计见光不见灯的效果，安装难度非常大。地砖铺装后，底部没有作业空间，无法打螺丝固定安装线槽，最终采取定制专用非标30mm×30mm线槽安装灯带，起到遮光板作用。

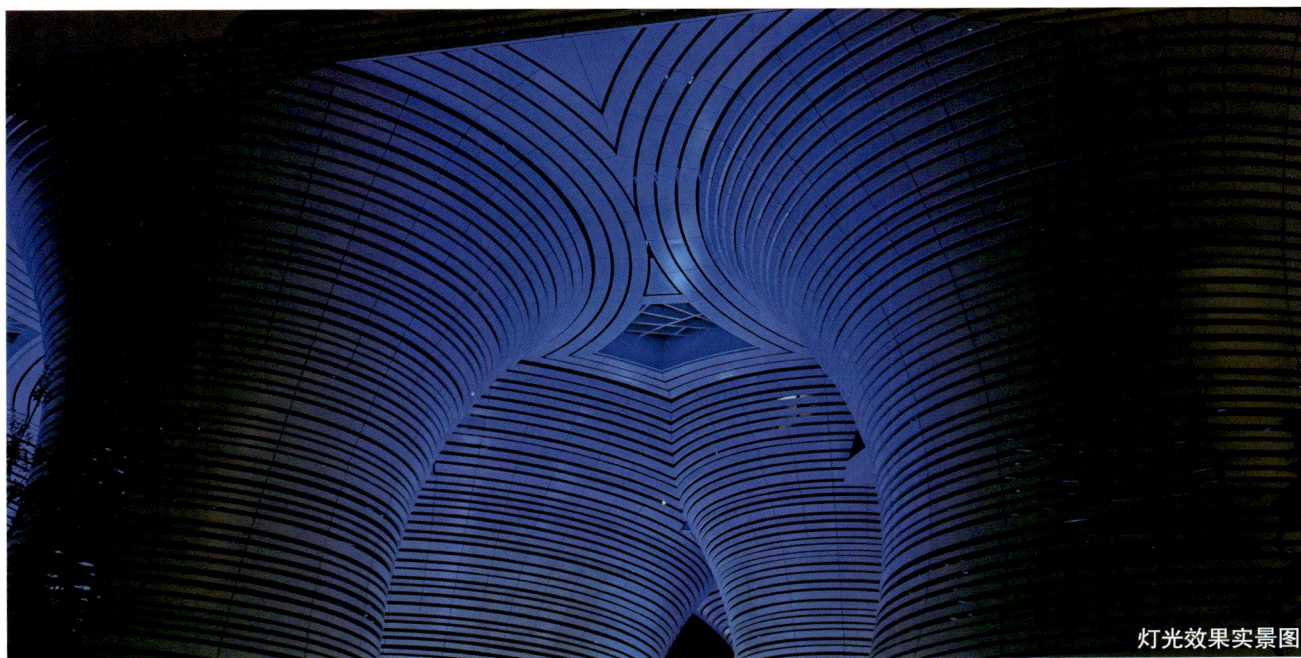

灯光效果实景图

泛光施工现场

第四章
科研篇

建筑需要灵活地去适应技术的变化
——诺曼·福斯特

BIM技术
全生命周期集成应用探索

BIM技术的集成应用一直以来是国家强调的重点。2016年8月，住房和城乡建设部在《2016—2020年建筑业信息化发展纲要》中提出，对勘察设计类企业、施工类企业、工程总承包企业、监管企业等相关方提出明确的BIM任务要求。2017年4月，《建筑业发展"十三五"规划》明确提出，加大信息化推广力度，应用BIM技术的新开工项目数量增加，加快推进建筑信息模

3D建模

型（BIM）技术在规划、工程勘察设计、施工和运营维护全过程的集成应用。2022年1月，《"十四五"建筑业发展规划》再次强调，要加快推进建筑信息模型（BIM）技术在工程全生命期的集成应用，健全数据交互和安全标准，强化设计、生产、施工各环节数字化协同，推动工程建设全过程数字化成果交付和应用。

蜻蜓·公园项目顺应了建筑业"十三五"规划提出的方向，也与建筑业"十四五"规划深度契合，在规划建设的全过程，不断探索BIM技术的集成应用之

道，使其发挥出最大价值。

在设计阶段，项目团队利用BIM为蜻蜓·公园建模，为了更精准落地，还研发了专门的插件，并加强各专业之间的协同设计，较好地解决了设计上存在的问题，提高了设计质量，优化了设计品质。

在施工阶段，项目团队利用BIM模型指导施工，通过4D施工模拟、场地布置、冲突检查、深化设计、设备材料管理、质量安全管理、工程造价核算、建筑信息管理等BIM应用，充分发挥BIM模型的模拟性，提升项目质量、安全、进度及管理水平。

在竣工阶段，利用BIM模型辅助竣工验收，BIM模型内的信息需和项目竣工图内的信息一一对应，作为项目数字化竣工信息归档，并为后续可基于BIM的运维平台的建立作充分准备，最终形成可用于运营维护的竣工模型和信息。

在运营阶段，蜻蜓·公园将在基于BIM的运维平台上进行日常的运维管理，通过大数据的长期积累，努力为未来智能停车库的发展提供可资借鉴的经验。

可以说，蜻蜓·公园项目在实践中初步实现了BIM技术从规划、设计、施工到运营的工程全寿命期集成应用方面的探索，充分发掘出BIM在工程各个阶段的应用价值。

未来，项目团队还将在此基础上总结经验，努力为智慧停车领域的BIM标准体系完善、BIM云服务平台建设、BIM区域管理体系建设等贡献自身的力量，使蜻蜓·公园真正成为建筑业信息化应用的样板，建设全过程BIM应用的标杆，智慧建设和智慧运营的高科技产品，努力发挥出更大的经济和社会效益。

智能化研发
集成创新的重要一环

蜻蜓·公园总建筑面积达24955m²，停车库总面积超过了20000m²，总体停车数量为500个车位，以自走式停车、AGV、升降机、塔库停车设备组合的形式解决整体停车的基本需求。其中，智慧停车为核心，AGV车位达420个、塔库车位达56个。

自汽车发明以来，如何高效、舒适、便捷地停放车辆，就成为人们贯穿始终的追求。从20世纪初开始，在美国芝加哥就有了借助简单的机械搬运手段，使得车辆停放达到仓储式空间利用效率的停车方式。至20世纪80年代，借助计算机控制技术的高速发展，结合多维度复杂的机械搬运手段，智能停车技术开始了大规模的发展，其中大众公司位于沃尔夫斯堡总部的塔库双子座，以其华美的工业设计，严谨的机械结构，精湛的制作工艺，堪称智能机械停车设备的巅峰之

作。进入21世纪后，工业机器人技术开始进入停车领域，开启了更高效、更舒适、更人性化及适用性更强的智慧停车时代。AGV是英文"Automated Guided Vehicle"的简称，属于行走式工业机器人的一种，它通过由控制中心、AGV自带的车载控制器、无线网络及导航装置，构建完成智慧化停车控制体系，某种程度上，相对于上一代固定车位的智能停车设备，以AGV为核心构建的停车生态，无论从软件还是硬件上讲，已经具备了构建柔性停车体系的基础。

蜻蜓·公园于2017年启动后，项目以"集团未来停车产业旗舰店、未来汽车产业公园、城市建设数字化的示范项目、智慧停车的科研项目"作为目标定位，其不仅是一个集中展示目前最先进停车技术的停车库，更需要对未来一段时间内处于产业前

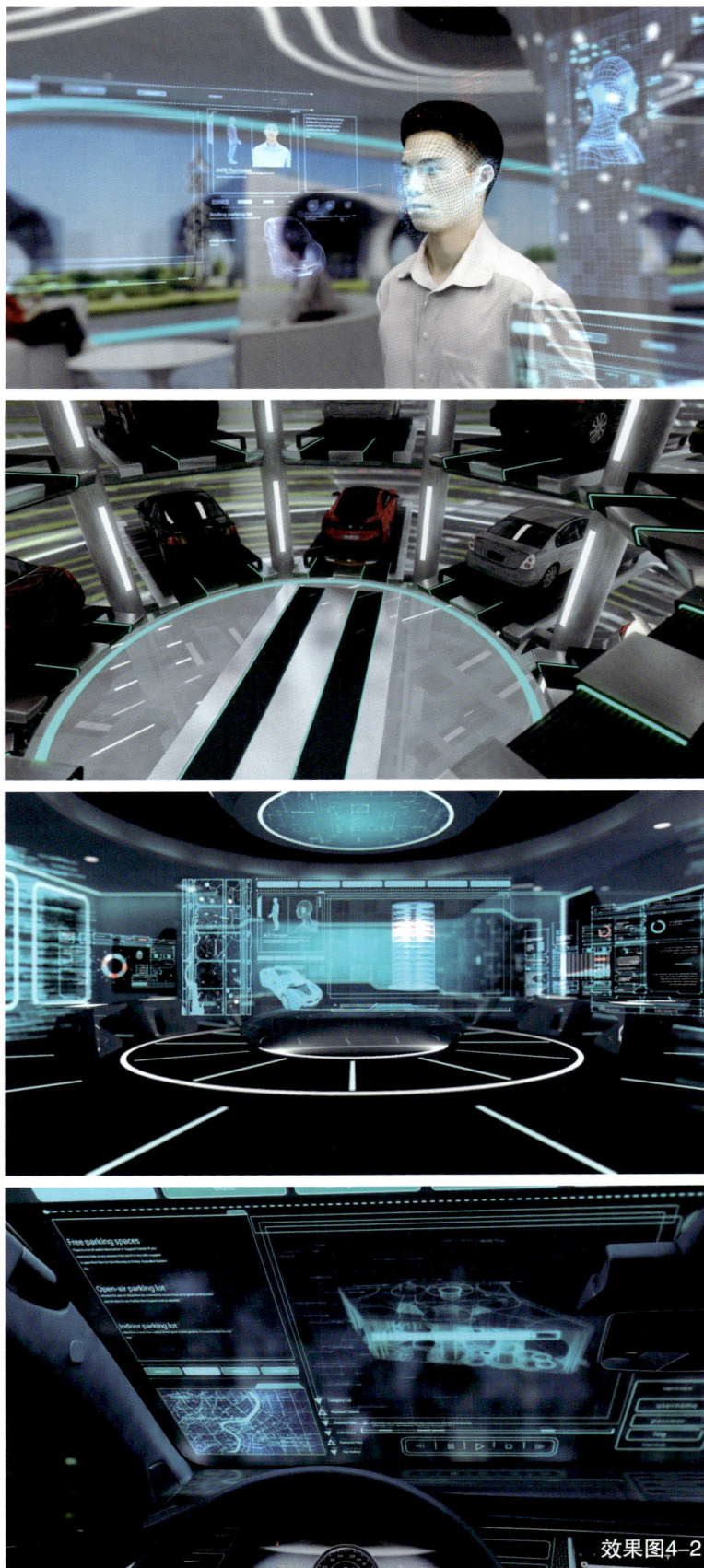

沿的停车技术有所体现；此外，集团停车产业未来布局，也需要对代表行业先进水平的核心技术进行储备。但另一方面，由于项目所处地块并不是理想的停车场库用地，尤以其所处地块形状不规整，有效的停车空间较少，停车方案的平面布置难度较大，库内空间环境复杂，人行动线及车行动线相对杂乱，基地进出通道设置条件较差，停车管理难度大等不利因素，给项目实施带来了很大困难。无论采用自走式停车，还是机械方式停车，或存在车位空间利用效率低，停车流线过于复杂，尤其车辆入库后的行进路线选项过多，管理成本很高等问题；或存在设备场地适用性差，机械布置复杂，须考虑横向纵向等多维度搬运，效率低下等问题。为了摆脱此困局，开发公司与设计单位、多个国内外专业厂家进行了多轮次沟通，考察了

效果图4-2

主要停车设备厂家的停车项目、设备类型及研发能力，先后就多种方案，对其先进性、可靠性、效率及停车体验等进行综合评估，最终，结合建筑炫酷的外形流线和地块的自身特点，蜻蜓·公园创造性地采用了以自走、AGV、塔库等多库型联合为外形，一套可嵌入式模块化的C\S（服务器\客户机）架构集成控制系统为内核的全面停车解决方案。其完美融合了传统自走式停车方式、智能机械停车技术塔库，以及最新的AGV停车技术的方式，开创国内外停车场库之先河。

在整套解决方案中，AGV结构的形式是其中的核心环节。AGV技术移植自工厂物流配送行业，至今已有50余年的发展历史，而应用于停车场的停车AGV技术发展时间却很短，2015年，塞瓦运输系统有限公司（Serva Transport SystemsGmbH）在德国杜塞尔多夫机场建成了世界上第一套停车AGV系统RAY；2017年海康机器人研发团队为乌镇的互联网大会启用了国内第一套实验性质的停车AGV系统。此后停车AGV虽然发展很快，但各种技术都还有自身的短板，需要进一步提高。从国内外停车AGV技术的发展走向看，主要的研究方向分为潜入式和叉车式两种，其中潜入式又可细分为载车板、梳齿板、夹持式等几种，叉车式可细分为横向叉车、纵向叉车等方式。除夹持式的结构外，在蜻蜓·公园之前，其他几种结构都有应用案例，相对来说比较成熟，但这几种结构均有不适合本项目的缺点，如载车板结构呆板，效率低下；梳齿板地面车位均需预设梳齿架，对精度要求高，不能实现平地停取车，停车体验差，系统柔性差；叉车式结构较大，车辆交接时需要的辅助空间较大等；而夹持式因其结构紧凑，可实现平地停取车，停车体验好，系统柔性高，与别的停车机械方式兼容性较好等特点，相对来说与本项目的契合度最高。但夹持式停车AGV国内外并无实际应用的案例，也无相应的研发产品，基于此，为了攻克蜻蜓·公园的关键技术难点，钱投集团与机器人研发团队强强联合，以蜻蜓·公园为主要应用场景，共同研发夹持式停车机器人。

蜻蜓·公园场景下应用的夹持式停车AGV，采用了两台协同的作业方式，每台AGV可独立进入待驳车辆的底部，以最大程度地节省驳运空间，控制采用多车协同技术，解决了多台AGV协同作业的过程。AGV发挥了研发单位的技术优势，采用先进的视觉导航技术，不仅导航路线的适用性更广，还能尽可能降低空间障碍物对导航的影响。AGV整体高度不超过100mm，驳运重量达3t，为潜入式AGV荷载能力之最。AGV通过工业WIA-FA（工厂自动化工业无线网络）与AGV控制系统进行通信，可支持高移动、高离散的传感器/执行器进行实时数据传输。每台AGV自身携带车载控制器，即固化于AGV的控制系统，该系统可以控制车身运动，并与调度服务器通信。而AGV调度系统主要负责管理与调度AGV的运行，包括各种场景的优化运算、路径规划、AGV调度、报警信息管理等功能，它是整个系统的重中之重，控制着整个系统的管理和运行效率。其中调度系统是整个控制系统的核心，尤其在蜻蜓·公园这样场景复杂、车辆众多、高

并发应用频繁的停车库。所谓AGV的调度，是指以特定的系统参数为优化目标，对汽车搬运任务进行权重化排列，并通过算法模型计算优化出最优方案，实现车辆和AGV之间的最佳匹配，从而达到提升系统整体效率、降低运行成本的目的。机器人研发团队研发的调度系统较好地解决了蜻蜓·公园复杂场景下的AGV调度问题，保证了整个停车体系的运行效率。

以夹持式停车AGV及一体化集中控制系统为核心技术的蜻蜓·公园停车设备主要有如下特点：

（1）项目核心技术夹持式停车AGV机器人，相比目前已有的载车板及梳齿架技术，夹持式技术具有适用性强、停车体验好、系统柔性高等特点，而相比叉车式AGV技术，夹持式技术又有驳运空间小的巨大优势。项目中夹持式AGV技术的实际应用，目前在国内外尚属首例。

（2）AGV控制的车位数量达到400辆以上，为目前国内外规模最大的AGV停车项目。

（3）结合建筑的外形，采用了仓储式停车机械方式中塔库

的停车方式，使得有流线型炫酷外形的建筑，有了停车密度大、自动化程度高的智能停车设备内核。

（4）针对项目地块不规整，空间结构复杂的特点，采用不同类型的机械车库多库联合的停车方式，通过不同设备之间的车辆交接，最大效率地提高停车数量。多库联合的应用方式在目前国内外停车业无实际应用先例。

（5）整个车库采用一套可嵌入式模块化的C\S架构集成控制系统集中控制，各部分设备及应用可通过模块方式进行嵌入，使得系统具有安全性、拓展性、灵活性等特点，也为将来系统中加入新的应用方式提供了保证。该系统在目前国内外停车行业中也尚无应用案例。

（6）采用15台汽车升降机组合，由控制中心根据停、取车高峰时段及正常进出车时段的不同特点，随时切换组合方式，进行潮汐控制，由此可最大限度地平抑停取车峰值时段的等候时间。

（7）可实现多种人机交互模式共存，既可通过场内自助终端，也可通过移动终端进行操作，并可同时兼容各种目前已用的停车支付方式。

（8）有效地增加有限面积下的停车位数量，充分利用地下空间，通过平面垂直设备的联合，实现无人值守的智能化停车，省去车主自主停车和找车的烦恼，节约停车楼用电和暖通系统能耗。

（9）降低土建成本，提升单位土地面积的利用率，实现"黑灯"停车，提高车主的停车体验，减少尾气排放；减少甚至省去停车管理人员，"无人化"降低了管理难度和管理费用；平面无轨停车和垂直升降结合，省去大量机械停车设备，可实现大面积的自动停车。

未来几年，我国机动车将持续保持20%以上的年增长率，停车行业作为一个需求推动型行业、一个被政府大力扶持的行业，市场方面必然会面临快速扩张。由于传统机械式立体车库已触及技术天花板，在可以预见的未来，它在技术上已基本没有多少提升的空间，未来高端停车技术的突破方向应该来自以下三个方向：以全自动的大型仓储式停车库的刚性模式为基础，融合互联网技术、人机对话技术、语音与图像识别技术等最新科技成果的智能化无人值守的停车技术；以停车AGV系统代表的柔性停车技术；AGV+仓储式机械立体车库的刚柔相济式的停车技术。

作为停车新技术核心的AGV停车方式，也必然会有很大的市场需求，它在一些特殊的场景中，必然会取代传统机械式的停车方式，例如在类似机场、会展中心等需要长距离驳运的场所，在平面及空间构成复杂的场所，在一些停车密度要求高的场所及无坡道施工条件的场所等。而AGV技术本身也面临的发展和提高的需求。未来AGV将会在如下几个方向进行提升：

在功能结构上，针对目前已有的潜入式及叉车式载运形式之所长所短，可以以多种机器搬运方式结合的方向作为研发的切入点，对停车机器人进行形式及功能上进行交融和创新，例如可探讨长距离驳运与短距离移动结合、地面移动与空间搬运结合等可能性。

在性能方面提升，例如通过优化计算模型，实现场库的动态

化管理，可依据进场车辆的型号识别，定制特定的车位，真正实现柔性的停车管理；通过优化计算模型，实现AGV连续过弯功能，以最大限度提高工作效率；通过改善硬件的性能，提高AGV导航能力及场地适配能力，甚至可以实现全天候普通场地的AGV工作环境；通过融合AI技术，赋予系统学习能力，可根据待停车辆的历史停车数据，定制个性化的停车方案，也可以通过进出车的即时数据分析，即时制定不同的停车方案，实现整个停车系统效率最大化。

在新能源车自动充电方面，探讨是否可以研究基于AI及VSLAM（视觉即时定位与地图构建）技术的仿真蛇形手臂，并辅以AGV作为移动载体，组合搭建无人智能充电系统的可能性。

在适用性方面，应研究AGV与其他停车方式的融合，重点是与各种不同类型机械设备的交接结构的研究，以扩大停车AGV技术的使用范围。

在成本控制方面，制约AGV发展的很大一部分原因是其高昂建设和使用成本，在这方面也有很大的改善空间。

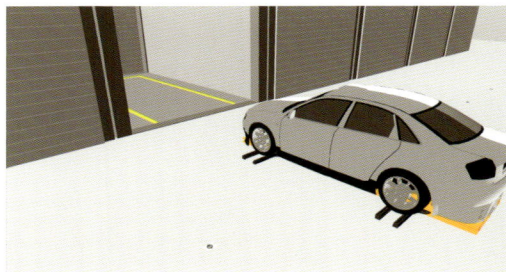

效果图4-3

技术标准化
可复制易推广

由于国家和省市关于智能AGV机器人停车场库的相关标准规范尚未健全，加上民众对于AGV机器人停车方式的理解和认知还不够全面，导致AGV停车距离产业化及大范围的工程应用还有很大的差距。

蜻蜓·公园项目以此为契机，从解决未来停车问题的角度出发，对智能AGV机器人停车场库的设计、施工、验收、运营的标准化进行研究，从而有效提升民用建筑从前期策划到落地实施的全面性，在一定程度上提升大型公共建筑或主导绿色出行区域的停车效率，为社会公共停车场及公共泊位提供智能停车实施路径，更有利于停车共享，集约使用土地，提高泊位使用效率。

该标准化的研究，将通过剖析传统停车模式的利弊，深入分析智能AGV机器人停车场库的实际案例，与行业相关标准规范充分结合，并在一定实施范围内形成统一标准，一定程度上化解标准规范之间矛盾的问题，提高AGV机器人停车项目的可实施性和可操作性，避免因为标准规范的非体系化造成的工程修改和返工。

同时，研究将建立立体框架，分析研究诸如基地和总平面、出入口及等候车位设计要求、停车区域、停车场（库）配套设施、消防、安全设施、结构机电、停车场（库）智能化设计标准、标志标线设计标准、主体结构、设备管线、建筑装饰工程、停车设施设备安装标准、隐蔽工程、工程质量、消防验收标准等内容，对智能AGV机器人停车场（库）从设计、施工、验收、运营四大方面进行综合性系统研究。其中，还将重点对土地集约利用、停车资源共享、城市更新停车设施解决方案、停车换乘衔接、停车平面效率、车库净高等方面进行探索性研究。

在未来，该研究成果将不仅仅为解决杭州市乃至全国当前停车难的问题提供路径参考，亦可一定程度上规范建筑工程全生命周期管理，实现绿色低碳，为浙江省工程建设项目全过程管理系统提供统一、完整、准确的数字化基础信息，为政府推广应用智能AGV机器人停车场库的科学决策提供参考，推进未来停车数字化体系治理能力和治理体系的现代化，为社会和经济的发展提供更好的服务，为实现碳达峰、碳中和提供有力支撑，为行业乃至社会带来巨大的效益。

第五章
展望篇

相比其他任何艺术形式，
我们能在建筑中发现更多的内容
——查尔斯·爱德华·蒙塔古

未来停车场蜻蜓·公园项目是钱投集团停车产业化发展引领性标杆项目。同时蜻蜓·公园作为未来停车场，是解决城市静态交通领域空间缺乏问题的重要探索，是用AGV技术探索深度利用地下空间的样本，是解决当前国内外智慧停车"卡脖子"技术的主要载体。

从造型结构创新到停车设备创新、从空间创新到功能创新，蜻蜓·公园在丰富产品功能的基础上，满足了人们对于未来停车的诸般想象，成为停车场集成创新的现代样板。它将打造富有创意的时尚城市目的地，汇集新零售、娱乐休闲、科技展示和发布、探索研学等为主的业态类型，为杭州市民呈现一座新型的停车综合体。

蜻蜓·公园通过营造舒适宜人的商业、休憩、交流场所，成为"车生态活力中心"。通过汽车销售与服务、餐（茶）饮、展览活动与文创艺术等潮流商业，

呈现一座由地面广场、室内空间、屋顶花园组成的公共艺术空间形态的城市建筑。同时它还将融合产品发布功能和研学课堂应用，开展"研学课堂之开学第一课"等系列活动，通过蜻蜓·公园巡园式参观考察和机器人的互动体验，积极响应"未来教育"口号的同时真正实现寓教于乐。努力将蜻蜓·公园打造成为长三角首座结合"研教产赛"全生态链机器人研学基地的"云"停车楼。

蜻蜓·公园由钱投·杭停股份经营和管理，将围绕旗舰店的标准，建立以客户服务为核心的服务体系，组建一支高质量、高水平的运营管理团队，展现公司现代化的运营管理水平，同时实现停车场服务管理业内领先的目标。蜻蜓·公园作为钱投集团停车产业未来停车场的旗舰店，运营管理团队将严格按照杭停股份的标准化管理执行，打造统一和

杭州市停车产业股份有限公司开业仪式

鲜明的品牌形象。

钱投·杭停股份将紧紧围绕"展示产业形象、扩大品牌影响"工作任务重心,聚焦"产业新项目落地、持续输出品牌形象"两大工作重点,借助未来停车场蜻蜓·公园项目承载的"对外发声器"作用,助力打好钱投产业品牌提升成名战。

与此同时,钱投·杭停股份也将在软件应用上不断探索,持续维护好杭州城市大脑停车系统。截至目前,该系统累计接入全市5241个停车场(点)的150万个泊位,其中开通"先离场后付费"服务的停车场(点)共3676个,包含泊位资源81.8万个。系统累计为全市330万注册用户提供超过1.5亿次停车相关服务。未来,系统还将实现停车诱导、反向寻车、车位预约、共享泊位等特色停车应用场景。

钱投·杭停股份未来将更加专注于线上线下停车运营管理、停车产业咨询、停车设施投资建设、大数据研发及应用、资产投资管理、衍生产业平台开发等六大主业。

蜻蜓·公园作为公司的旗舰产品,必将进一步促进公司对停车产业链资源的有效整合,并对公司的停车设施投资建设、运营管理、大数据应用等方面产生良好的示范作用。

累积运行数据
升级AGV技术

蜻蜓·公园是全国规模最大的潜入式AGV机器人停车项目之一，以"节能环保、方便快捷、安全可靠、智能体验"为原则，通过平台与硬件协助，再深度结合造型、结构、设备、停车方式等，车辆通过升降机贯穿地下各层，再由AGV机器人搬运至停车位，从而实现高效、经济、灵活的停车无人化搬运。

综合安防管理平台（iSecure Center）是其总系统平台，由AGV泊车调度系统、塔库系统、视频监控系统、车辆管理和信息发布系统等组成。其中AGV泊车调度系统是系统的核心技术，包括导引、定位、运动控制、调度规划、安全、产线协作、无线通信、App应用、标准和能源管理等。在硬件方面，目前有1座塔库、15部升降机、30对AGV搬运机器人。

AGV机器人的工作原理，首先是定位，及时、准确地确定AGV的位置及航向，这是系统运行的基础。其次是环境感知与建模，根据多种传感器识别的环境信息，AGV快速感知环境，及时确定可达区域和不可达区域，识别行车线边界、地面水平情况、障碍物等，并能预判动态障碍物，为局部路径优化提供依据。最后是运动控制，根据AGV掌握的环境信息和提供的路径目标值，平台计算出AGV的实际控制命令值，即给出AGV的设定速度和转向角等，从而实现AGV自主移动，这是AGV控制技术的关键。

上述过程在实际运行中，会有极大的不可预见性，在平台上线前，虽然已做了大量调试工作，但仍需要继续跟踪优化，通过不断地推演、计算、冗错和调试，最终实现AGV机器人自动化水平高、工作效率高、可控性强、安全性好的路径规划作业，充分体现AGV的自动性和柔性。

当前评估AGV机器人的技术水平，根据其调度准则，有完工时间、总完工时间、平均流动时间、平均等待时间、延迟时间和拖期六个指标。未来，要实现算法优化和技术突破，如搬运作业过程中单个AGV负载大小约束、各子系统相配合调度形式以及待机过程时停靠的最优位置等，需要重点积累约束场景的运行数据。

蜻蜓·公园在计算机控制下，停车流线设计系统、停车管理系统平台、AGV泊车子系统、停车升降机子系统、出入口子系统、车辆检测子系统、存取车子系统、视频监控子系统、塔库停车系统等高效协调，会产生大量运行数据。利用这些数据，建立全新的数据分析标准和仿真模型，能克服计算量大、NP（非决定性多项式时间）完全性、拥塞、系统死锁和延迟以及有限的规划时间等问题，从而进一步减少能耗，减少系统中机器的待机时间，提高整个系统的工作效率。随着这些约束场景在大型AGV系统的实际应用越来越重要，此类数据的价值将得到充分体现，蜻蜓·公园在运行数据方面将取得先发优势。

为了保障AGV行驶安全和工作效率，AGV需具有躲避障碍物的能力。蜻蜓·公园目前应用的避障策略是设定一个安全距离值，当AGV与障碍物之间的相对距离小于该值时，就需要AGV停车。当障碍物为运动的，AGV就会随着与障碍物之间距离的不断变化，时走时停。当前策略是保守的，是以降低搬运效率为代价的。未来，随着运营数据的累积，通过减少AGV不必要的停车、分析AGV避障情形和避障过程、判断AGV避障转角因素等，建立一套基于模糊推理算法的AGV避障转角模糊算法，并可在运行过程中进行验证，从而提高AGV的避障准确性。

除优化AGV运行精准度外，还可以利用累积的运行数据，升级AGV为激光＋视觉的第三代自然无轨导航，基于自身算法生成高分辨率的地图，升级AGV获得自主移动、路径规划、场景理解的能力，避免误差累计，从而在AGV图像识别领域取得突破。同时还可提升AGV智能决策水平，包括车道优化、多机多场景运行、多重避障、实时感应和自动执行等方面。还可以融合5G、云计算等技术，快速重组成新的生产单元，在工业级稳定性和精度提高的前提下，取得AGV的更大柔性，使其与人在同一场所下协同作业时安全、顺畅，为迎接无人驾驶车辆运行积累算法经验。

AGV技术除了可大幅降低人工成本之外，还可以预见多个情景化服务场景，通过人机互动，发挥多场景大数据应用价值。以预约取车的场景为例，一个停车场AGV全天候运行、停车过程无需人工参与，车主在未踏入停车场之前，就可以通过手机小程序预约取车的具体时间，进入蜻蜓·公园后可以直接取车，减少等待时间。其实现过程包括首先判断停车场内车辆饱和度，分析AGV机器人的空闲情况，实现多机运行；接着模拟满载负荷的搬运场景，分时段展示可预约取车的时间范围，并对已预约时段，结合AGV取送车辆的完成时间，实时释放；最后是循环判断更新后的停车场饱和度情况。

智能、柔性、安全的AGV无人搬运，使停车运转的自动化水平大大提升，而人机互动的行为数据积累和优化，会进一步提高停车运营的用户体验，具有更大的社会价值。预约取车仅仅是一个场景案例，相信随着蜻蜓·公园的持续运营，更多服务场景的数据积累，将发挥更大的数据价值，探索更多人机互动的服务功能。

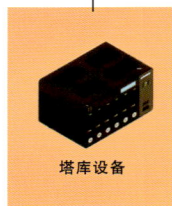

手机

Q·Par
业务

塔库设备

塔库停车子系统　停

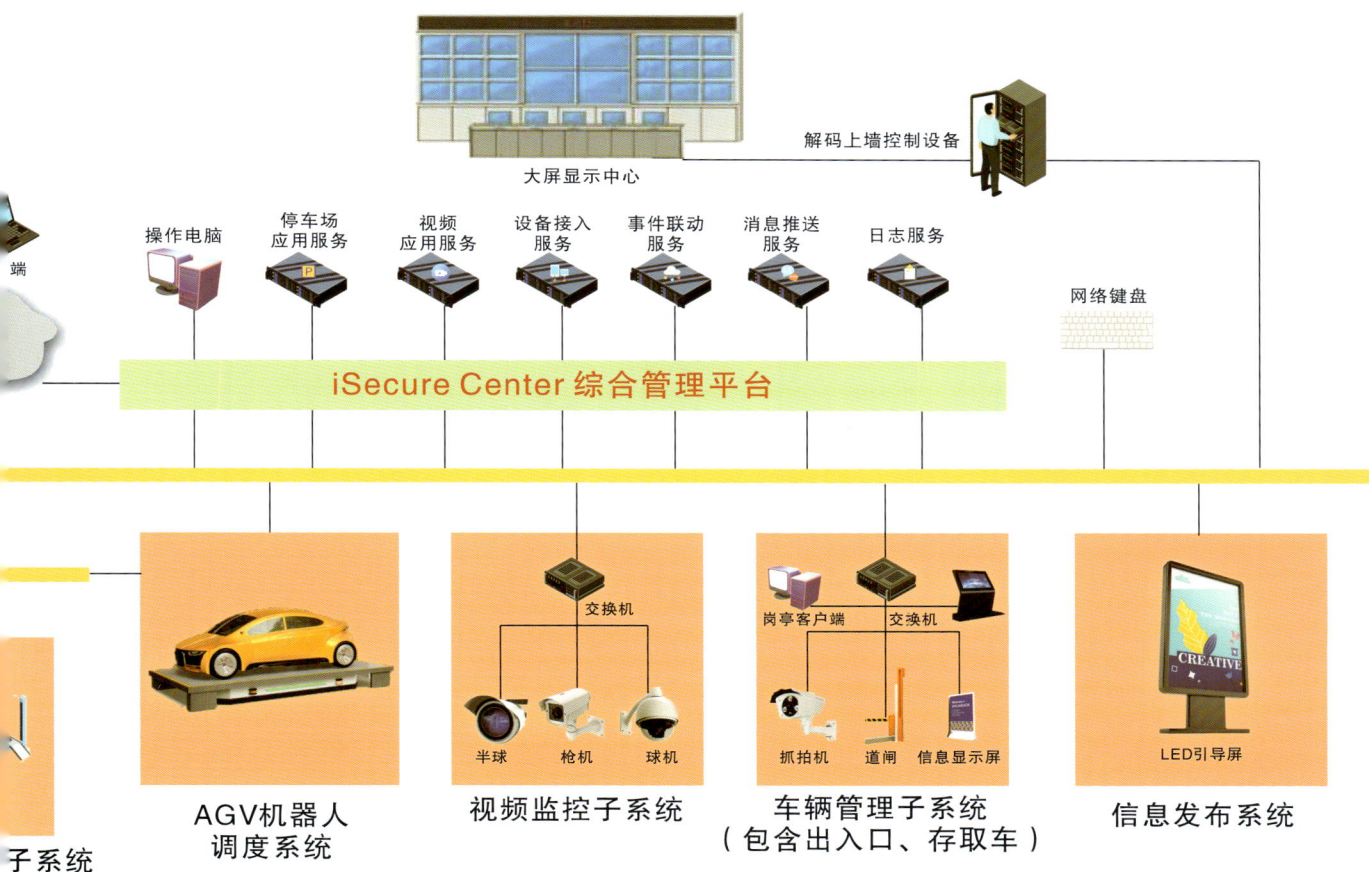

大屏显示中心

解码上墙控制设备

端

操作电脑

停车场
应用服务

视频
应用服务

设备接入
服务

事件联动
服务

消息推送
服务

日志服务

网络键盘

iSecure Center 综合管理平台

子系统

AGV机器人
调度系统

交换机

半球　枪机　球机

视频监控子系统

岗亭客户端　交换机

抓拍机　道闸　信息显示屏

车辆管理子系统
（包含出入口、存取车）

CREATIVE

LED引导屏

信息发布系统

iSecure Center 综合管理平台组成

空间重新剪裁
塑造杭城新IP

蜻蜓·公园作为杭州市地标级建筑，诞生在公众个性化需求爆发的时代。一方面，就全国一线城市而言，城市基本功能已较完善，公众开始有日常生活之外的更高层次的生活追求，对公共活动空间、科技潮流生活、艺术创意空间等需求日益提升；另一方面，就杭州城市而言，随着城市能级的提升和产业结构的优化，释放出了巨大的消费市场空间，杭城已形成多中心的商圈发展格局。综合以上因素，蜻蜓·公园的诞生肩负着行业使命：打破常规，空间重新剪裁，塑造IP级项目。

当夜幕降临，车流分散，蜻蜓·公园的活动空间将从室内延展到室外，开启生活社交场。吹着夏日的凉风，身处城市景观中心，我们走入草坪、广场，偶遇露天电影，玩转滑板、打场网球、抛个飞盘，开个电音陆冲派对、电音冥想，甚至还有宠物瑜伽派对等。打造建筑室内+室外多重空间对话场景，实现重塑新潮社交文化的城市使命，是蜻蜓·公园作为杭城新IP的第一个功能。

自元宇宙概念提出以来，虚拟时空与现实世界可以交叠，蜻蜓·公园的活动空间可从平面扩展到立体。利用物联网和AR技术，建筑与公众的互动已不再局限于平面，我们引入艺术、展览、建筑全息投影等，通过扫描二维码，收听、收看与建筑相关的历史、文化音视频，更可以通过元宇宙线下打卡点，通过AR（增强现实）互动，实现虚实结合，在真实场景之上，叠加现实中看不到的虚拟效果。开发更加新奇有趣的互动体验，塑造样本案例，带领杭城科技潮流生活，是蜻蜓·公园作为杭城新IP的又一个功能。

除了探索商业空间，蜻蜓·公园更加关注公共服务空间。我们肩负社会责任，传递前沿技术，将打造研学基地，通过教育培训、新技术演示，实现社会公益属性价值。我们心系民生，解决就医停车难题，利用大数据技术，分析公众出行意图，通过导航地图、路边泊位数电子牌、现场人员指引等，疏导医院周边车流、减少停车下客排队时间，还计划与邵逸夫医院联名拓展紧急救助、就诊便利化等社会公益服务。我们还将在城市交通、空间布局和城市形象等方面发挥更多的社会价值，立足于进一步提升公众的幸福感、获得感。

实景图5-1

汽车产业新趋势
开启智能出行新篇章

截至2022年6月，全国机动车保有量达4.06亿辆，新能源汽车保有量达1001万辆。在政策环境、技术发展、产业供给、车主消费等多元因素叠加下，我国汽车产业正在经历前所未有的转型和变革，绿色、融合、网联、智能将成为未来停车产业发展的关键趋势，将为车主带来颠覆式、革命性的出行体验。

绿色：BaaS换电、超快充电或成主流

国家"双碳"目标及产业政策拉动新能源汽车行业全面发展，预计到2025年，新能源车保有量将突破3000万辆。然而，新能源车主正面临公共充电桩"找桩难、充电慢、体验差"、家用充电桩"安装难"等突出问题，尤其在冬季续航里程缩水，或远距离出行情况下，"里程焦虑感"更为严重。

蜻蜓·公园等停车场具备停放便利、管理规范、空间庞大、配套齐全等天然优势，可作为电池租赁服务（BaaS）换电站、超快充电桩的承载空间，通过充电与停车的创新融合，连接车主与能源供给方，解决新能源车"补电难"的核心痛点。未来，车主通过停车场内的BaaS换电站，在不下车的情况下，花费几分钟即可完成自动换电，全程耗时与在加油站加油无异，极大地缩短了补能耗时。超快充电作为平行方案，运用高压快充技术，让"充电5分钟，续航200公里"成为现实，通过车场内超快充电桩的补电，新能源车主也能享受手机快充般的极致体验。

融合：汽车后市场服务加速融合

按照国际经验，平均车龄超过5年的汽车市场，将进入维保需求爆发期，我国汽车存量市场实际已经到来。未来汽车后市场看好包括智慧停车、自动洗车、

一站式养护、机动车检测在内的新基建板块。

在消费端，车主依然追求"放心、省心、安心"，服务融合体验将成为影响用户体验和决策的关键因素。智慧停车运营方将拓展停车服务内核及外延，实现数智化出行价值链的延伸。车主通过手机端（或智能车机）的快捷操作，在蜻蜓·公园停车场外即可实现泊位、充电位、AGV取车、养护服务、租赁取车等增值服务的预约；当车主驶入停车场内，也可享受自动洗车、O2O购物（线上下单+场库取货）、充电/停车缴费一体化等带来的车后综合服务。

网联："人、车、边、云"协同蓄势待发

"车路协同"是体现中国智慧的车联网方案，运用V2X（车联万物）、5G、北斗通信、边缘计算（MEC）等关键技术，以车辆为中心，将人（车主）、车（智能汽车）、边（边缘计算设施）、云（汽车网联云控平台、城市大脑、CIM城市信息模型）等交通参与要素有机融合，共同组成联网的动静态交通信息系统，不仅能支撑车辆获取更多信息，促进智能驾驶技术的应用，还利于构建未来交通出行体系，对提高交通效率、减少环境污染、保障出行安全等方面具有重要意义。

为推动边缘协同设施的普及和发展，促进智能汽车与停车场库的联动交互，未来在蜻蜓·公园等停车场内部署摄像机、雷达等智能感知设备和边缘计算单元，可实现车辆与车位识别、场内定位与导航、行人及障碍物感知、自动代客泊车（AVP）车辆监控及辅助等能力，为车主提供室内外导航无缝切换、正向寻位、反向寻车、自动泊车、事故预防、拥堵疏导等智慧停车高价值应用。

智能：AGV机器人、飞行汽车等技术智领未来

蜻蜓·公园作为国内规模最大的潜入式AGV机器人停车项目之一，采用无人值守的智能化机器人停车方式，由AGV机器人将车搬运至停车位，不仅提升了车场存储空间，还提高了存取车响应速度；同时，为破解城市"拥堵难题"及探索"低空经济"，蜻蜓·公园还为具备垂直起降、高速飞行、自动驾驶的智能飞行汽车预留专用停机坪，届时将形成行业领先的"空地一体"立体停车格局。

在单车智能、V2X等技术发展推动下，自动泊车技术也在不断升级，通过停车场边缘设施的协同发展，可实现自动驾驶L4级别的自主代客泊车，车主通过下达指令，车辆可自动寻找车位并完成泊车动作，并能从车位自动驾驶到上客点接驾，可适用于任何停车场和可用车位，帮助节省停车时间，解决高峰排队的用户痛点。此外，具备场库巡更、无人值守能力的智能机器人，大型场库短途接驳的无人驾驶车辆也将与车场实现融合发展，引领停车产业不断迈向数字新纪元。

参考文献

[1]叶学根.AGV智能机器人停车库的应用[J].智能建筑与智慧城市，2021(11)：113-114.

[2]郑文帅，赵俊，任杰.立体停车设备行业概述以及发展趋势分析[J].内燃机与配件，2021(11)：210-211.

[3]梁军，韩冬冬，盘朝奉，等.基于移动机器人的智能车库关键技术综述[J].机械工程学报，2022，58(03)：1-20.

[4]吴宁，陈征.立体城市与可持续发展[J].开发研究，2021(03)：51-56.

[5]中共杭州市委党史研究室.中共杭州历史要览[M].杭州:杭州出版社，2011.

[6]勒·柯布西耶.走向新建筑(修订版)[M].杨至德，译.南京：江苏凤凰科学技术出版社，2020.

[7]罗伯特·文丘里.建筑的复杂性与矛盾性[M].周卜颐，译.北京：中国建筑工业出版社，1991.

[8]凯文·林奇.城市意象[M].方益萍，何晓军，译.北京：华夏出版社，2001.

[9]凯文·林奇.城市形态[M].林庆怡，陈朝晖，邓华，译.北京：华夏出版社，2001.

[10]豪·鲍克斯.像建筑师那样思考[M].姜卫平，唐伟，译.济南：山东画报出版社，2009.

[11]约翰·斯通斯.改变建筑的建筑师[M].陈征，译.杭州：浙江摄影出版社，2018.

[12]大井隆弘，市川纮司，吉本宪生，等.世界建筑大师图鉴[M].郝皓，译.南京：江苏凤凰科学技术出版社，2020.

[13]杭州市规划和自然资源局，杭州市规划和自然资源调查监测中心(杭州市地理信息中心)，杭州市勘测设计研究院.杭州韵味·城市规划七十年[M].长沙：湖南地图出版社，2020.

[14]杭州市勘测设计研究院，杭州市城市规划编制中心.杭州市影像地图集：2009[M].哈尔滨：哈尔滨地图出版社，2009.

[15]杭州市勘测设计研究院.杭州市影像地图集(内部资料)[Z].2013.

[16]杭州四季青志编纂委员会.杭州四季青志[M].北京：方志出版社，2011.

[17]杭州市江干区地名委员会办公室.杭州市江干区地名志[M].北京：中国戏剧出版社，2007.

[18]江干区志编纂委员会.江干区志[M].北京:中华书局，2003.

[19]杭州市民政局、杭州市地名委员会.杭州市地名志(上册)[M].杭州：杭州出版社，2014.

[20]靳雨思.钱塘江杭州段海塘现状及变迁研究[D].杭州：浙江大学，2018.

[21]邹磊，张玉良，等.当代大空间建筑形体的拓扑化表达[J].城市建筑，2011(01):108-110.

[22]熊华希，张阳，王琨.浅析建筑拓扑学对当代建筑空间及界面的影响[J].福建建筑，2013(07)：5-7.

[23]智玉娟，毕向前.浅析拓扑变形视角下的建筑形体与空间秩序[J].建筑与文化，2020(11)：207-209.

后记

蜻蜓·公园项目自2017年3月开始概念方案征集至2022年12月开业，历时5年半。作为国内首个研发型智能停车楼，设计及施工难度非常大，建设过程中多个重要子项边优化边实施，专项研发贯穿整个实施过程，凝聚了众多建设者的智慧，任何一个子项的调整都涉及整体土建设计及建设实施的调整。

纵然团队为了让蜻蜓·公园以最完美的状态呈现而做了最大的努力，但由于一些因素，依旧存在一丝遗憾。例如，停车楼与医院之间若建造直接连通的地下通道，既能缩短停车时间也能让人民群众更安全便捷地就医，增强社会公益设施的协同服务功能。同时，若停车楼与地铁通过地下通道连接，可以使交通换乘更方便。从设计上来说，目前结构形式为地上采用钢框架结构，局部设置钢结构斜撑。幕墙外立面采用横向圆杆加斜柱作为支撑体系，沿着建筑造型曲面设置斜柱作为立面幕墙的支撑构件。经过重新思考，幕墙外立面结构形式和呈现效果有条件更进一步结合，采用拉索–横向钢片的受力结构与外立面幕墙组合形式，建筑效果更简约干净轻盈，可以大幅度增加建筑的通透感和现代感，也可有效增加使用空间。

在蜻蜓·公园开业之际，特别感谢在项目的整个设计和建设过程中各级领导给予的关心和支持，感谢众多建设者的努力与汗水，在此致以深深的敬意与谢意，他们是：茹文、金祎、汤晓飞、马红平、骆祎、杨松、何天铭、顾康平、李岱、章亮、胡云强、沈栗立、陈静、沈益明、杨洁、柳春、蒯亚运、傅俊艺、韩庆锋、葛嘉诚、庞程辉、李志超、袁毅、谢毅柯、计龙、张戟、励鸿杰、单超凡、吴广宁等。

在此也感谢杭州海康威视数字技术股份有限公司、浙江省建筑设计研究院的许世文、裘云丹、王松涛、周红梅、王晨曦、徐弈；中国建筑第八工程局有限公司的杨锋、祝敏、赵贤金等各位同仁，因为他们的全力支持和鼎力配合才让项目如期如图落地。

特此感谢本书的执笔人同时也是项目的全过程参与者：张笛（第一章、第二章、第三章、第四章）、俞剑军（第四章）、姚丛琦（第一章）、傅燕菲（第三章）、姜元元（第五章）为此付出的心血。